人类建筑史上
伟大的奇迹

廖胜根◎主编

成都地图出版社
CHENGDU DITU CHUBANSHE

图书在版编目（CIP）数据

人类建筑史上伟大的奇迹 / 廖胜根主编 . -- 成都：成都地图出版社有限公司 , 2024.8

ISBN 978-7-5557-2532-9

Ⅰ . ①人… Ⅱ . ①廖… Ⅲ . ①建筑史－世界 Ⅳ . ① TU-091

中国国家版本馆 CIP 数据核字（2024）第 095531 号

人类建筑史上伟大的奇迹
RENLEI JIANZHUSHI SHANG WEIDA DE QIJI

主　　编：廖胜根
责任编辑：杨雪梅
封面设计：王建鑫磊

出版发行：成都地图出版社有限公司
地　　址：四川省成都市龙泉驿区建设路 2 号
邮政编码：610100

印　　刷：三河市人民印务有限公司
（如发现印装质量问题，影响阅读，请与印刷厂商联系调换）

开　　本：710mm×1000mm　1/16
印　　张：10　　　　　　字　　数：130 千字
版　　次：2024 年 8 月第 1 版
印　　次：2024 年 8 月第 1 次印刷
书　　号：ISBN 978-7-5557-2532-9

定　　价：49.80 元

前 言

　　建筑是人们用泥土、砖、瓦、石材、木材、钢筋、水泥等材料构成的一种供人居住和使用的空间，如住宅、桥梁、体育馆、水塔、寺庙、教堂等。从广义上来讲，景观、园林也是建筑的一部分。古罗马建筑理论家维特鲁威的经典名作《建筑十书》提出了建筑的3个标准：坚固、实用、美观。这3个标准一直影响着西方建筑学的发展。

　　中国的传统建筑以木结构为主，西方的传统建筑以砖石结构为主。现代世界的建筑则是以钢筋混凝土为主。

　　建筑是人类重要的物质文化形式之一。在人类文明发展史上，最初的建筑主要是为遮风避雨、防寒祛暑而生，是人类为抵抗残酷无情的自然力量而自觉建造起来的一道屏障，只具有实用性。随着社会的进步，建筑才逐渐具有审美的性质，直至发展成以象征权势为主要目的的宫殿建筑，以供观赏为主要目的的园林建筑，以宗教活动为主要目的的教堂、神庙等。

　　在各门艺术中，建筑是最早的艺术之一。恩格斯认为，在原始社会末期就已经有"作为艺术的建筑的萌芽"了。建筑是时代的一面镜子，它以独特的艺术语言熔铸并反映一个时代、一个民族的审美追求，建

筑艺术在其发展过程中，不断显示出人类所创造的物质精神文明，被誉为"凝固的音乐""立体的画""无声的诗"和"石头写成的史书"。

建筑可以从不同角度进行分类：根据建筑材料的不同，可分为木结构建筑、砖石建筑、钢筋混凝土建筑、钢木建筑、轻质材料建筑等；根据建筑所体现的民族风格，可分为中国式、日本式、意大利式、英吉利式、俄罗斯式、印第安式建筑等；根据建筑流派的不同，分类就更复杂了，有野性主义、象征主义、重技派、怪异建筑派、有机建筑派等。

在人类的历史长河中，留下了许多堪称奇迹的建筑。有的是出于宗教目的，比如奥林匹亚宙斯神庙、科隆大教堂等；有的是为了彰显权势，比如紫禁城、凡尔赛宫等；有的是为了实现建筑师自己的艺术梦想，比如流水别墅、朗香教堂等；有的是为了进行某一项重大的活动，比如水晶宫、埃菲尔铁塔等；有的是出于实用需要，比如都江堰、亚历山大灯塔等；有的是作为艺术文化博物馆，比如卢浮宫……

每一项伟大建筑的诞生，都是人类智慧和血汗的结晶。了解人类历史上的这些杰出的建筑，会增强我们作为人的自豪感，会加深我们对历史的感悟，会丰富我们的精神内涵。

古今中外，纵横几万里，能够被称为奇迹的建筑有很多，本书选取的只是其中最有代表性的一部分。限于编者的见识和水平，书稿可能存在遗漏或不当之处，敬请读者批评和指正。

目录
CONTENTS

神庙教堂

献给太阳神的卡纳克神庙 / 1

难以企及的典范——帕特农神庙 / 4

奥林匹亚宙斯神庙 / 8

天使的设计——万神庙 / 11

古老巴黎的象征——巴黎圣母院 / 15

哥特式建筑的典范——科隆大教堂 / 20

多位大师的结晶——圣彼得大教堂 / 25

未完待续的神圣家族教堂 / 31

天才的惊世奇想——朗香教堂 / 35

寺院塔楼

指引航向的亚历山大灯塔 / 39

日本的国宝——法隆寺 / 41

"飞阁丹崖上"的悬空寺 / 45

山丘上的佛塔——婆罗浮屠 / 46

最高大、最古老的木塔 / 50

闻名世界的比萨斜塔 / 51

世界第一斜塔——护珠塔 / 56

东方的奇迹——吴哥窟 / 57

世界最高的多彩琉璃塔 / 61

现代巴黎的象征——埃菲尔铁塔 / 62

宫殿城堡

谜一样的米诺斯王宫 / 67

从火山灰中发现的庞贝古城 / 72

波斯波利斯王宫 / 73

世界新七大奇迹之佩特拉古城 / 76

世界屋脊上的明珠——布达拉宫 / 79

举世闻名的"地下水晶宫" / 81

紫禁城 / 82

世界新七大奇迹之马丘比丘 / 87

"太阳王"的杰作——凡尔赛宫 / 91

园林别墅

巴比伦的空中花园 / 97

哈德良别墅 / 99

精妙绝伦的拙政园 / 103

"万园之园"——圆明园 / 106

奇形怪状的米拉公寓 / 109

巧夺天工的流水别墅 / 110

陵墓地宫

胡夫金字塔 / 114

世界最大的地下皇陵——秦始皇陵 / 117

爱的纪念碑——泰姬陵 / 120

古代世界七大奇观之摩索拉斯陵墓 / 125

其他建筑

索尔兹伯里巨石阵 / 129

长城 / 133

蒂亚瓦纳科遗址的太阳门 / 135

惨遭厄运的巴米扬大佛 / 139

奇琴伊察库库尔坎金字塔 / 140

世界上最大的图书馆之一——美国国会图书馆 / 142

开辟建筑新纪元的水晶宫 / 145

自由女神像 / 149

RENLEI JIANZHUSHI SHANG WEIDA DE QIJI

神庙教堂

献给太阳神的卡纳克神庙

● 卡纳克神庙前的雕像

在埃及首都开罗以南约 700 千米处，曾经有一座十分繁盛的都城底比斯，在底比斯的一个叫"卡纳克"的地方建有一座供奉太阳神阿蒙的神庙。这就是埃及最大的神庙——卡纳克神庙。

自埃及进入中王国以后，由于底比斯的地位日益提升，原本只是一个地方神的阿蒙神成为整个埃及的主神，并被尊为太阳神（后与太阳神拉一起被视为联合体，称"阿蒙拉"）。为了表示对阿蒙神的崇敬，历代法老不惜花费巨大代价建造规模宏大的神庙，并且他们还会把征战夺来的大批战利品，诸如奴隶、金银珠宝等献给神庙和祭司，以感激阿蒙神的恩赐和护佑。

卡纳克神庙始建于中王国时期，具体是由谁开始修建的，现在已经说不清了。此后有多位法老对它进行修建或扩充，特别是拉美西斯二世（约前 1304—前 1237），对它进行了大规模的扩建。到新王国末期，它已拥有 10 座门楼（古埃及一般庙宇仅有 1 座门楼），各座门楼又有相应的柱厅或庭院。全庙平面大致呈梯形，主殿按东西轴向布置，先后重叠门楼 6 座，又从中心向南分支，另列门楼 4 座。除主殿供奉太阳神外，还另建供奉太阳神的妻子和儿子的庙宇。

卡纳克神庙规模宏大，可以装下整个巴黎圣母院。神庙的主要建筑按一条轴线排列：主庙两旁分出一系列附属建筑和庭院，整体恰似一座天宫。

走近卡纳克神庙，可以看到一组模样奇特的圣羊像，又称羊头狮身像。它们分两排蹲立，姿态完全一样，每个圣羊像之间相隔数米，一直排列到巨大的牌楼门前。在圣羊像的尽头，就是神庙的主入口——牌楼门。牌楼门是由一片梯形实墙组成的庞然大物，实墙高 43.5 米，宽 113 米，上厚 6.3 米，下厚 9 米，中间是一个门洞。

门洞两边竖立有方尖碑，全部由花岗岩砌成，均高 20 米以上。其中最高的是由古埃及女法老哈特舍普苏所立，碑身全高 29 米，重 323 吨，是当时最高的方尖碑。据说，女法老花了 7 个月的时间从阿斯旺采石料制成这座方尖碑，沿尼罗河长途运输 150 千米，立在这座神庙前，献给阿蒙神，并在碑上刻下铭文称她自己为太阳神的孩子，以此证明她继承大统的合法性。

卡纳克神庙有众多柱厅，最负盛名的一座就是始建于拉美西斯一世时期的百柱厅。该厅长 366 米，宽 110 米，有 6 道大厅，134 根石柱，分成 16 排。中央两排的柱子最为高大，其直径达 3.57 米，高 21 米，上面承托着长 9.21 米、重 65 吨的大梁。其他柱子的直径为 2.74 米，高 12.8 米。在柱顶的柱帽处，可以坐下近百人。站在大厅中央，四面森林一般的巨大石柱，处处遮挡着人们的视线，给人造成一种神秘而又幽深的感觉。柱顶呈莲花状，在门楼和柱厅圆柱上有丰富的浮雕和彩画，既表现宗教内容，又歌颂法老的业绩，并附有铭文。

由于年代久远，神庙已破败不堪，现在可以通过神庙前一块方尖碑上的文字，了解到它当年的壮观景象：神庙的墙体用精细砂石砌成，然后通体贴金。路面涂银，所有门道镀上黄金。雕像均用上等的整块花岗岩、砂岩、彩石琢造。正殿有一个用金、玉砌成的御座。庙前竖立着一排用纯金铸成的旗杆。人工河引来尼罗河的水，环庙而流。每当太阳升起，神庙的光芒如同太阳一样灿烂。

● 卡纳克神庙中的巨柱

据说，在古埃及新王国时期，每天清晨，法老和他的臣民都要到卡纳克神庙前迎接太阳的升起，迎接他们心中最崇敬的太阳神阿蒙从睡梦中醒来。在古埃及人心目中，五谷丰登和富裕安定的生活都仰仗这位神明的恩泽。

卡纳克在兴建之初被当成底比斯的神圣区域，随后又被居民们命名为"阿蒙之城"。一条长达2千米的"狮身人面像大道"将卡纳克神庙与南部的卢克索神庙连接起来，后者也主要用于供奉阿蒙神。在某些重大节日，阿蒙神的雕像会被装上船，从卡纳克神庙运到卢克索神庙。

历经沧桑的卡纳克神庙，让人着迷的还有刻在柱上、墙上、神像基座上优美的图案和象形文字。其中有战争的惨烈，有田园生活的幸福，有神灵与法老的亲近……这些石刻呈现了遥远而辉煌的过去。

难以企及的典范——帕特农神庙

帕特农神庙建于古希腊最繁荣的古典时期，以无与伦比的美丽和谐、典雅精致，表现了古希腊高度的建筑成就和艺术神韵，达到了古典艺术的巅峰，被人公推为"难以企及的典范"。

帕特农神庙是雅典卫城中的建筑。"卫城"原意是国家统治者的驻地，是建在高处的城市，也是用于抵御敌人的要塞。公元前480年，卫城被波斯人焚毁。希腊人在取得对波斯的胜利后，决定重建卫城。

● 雅典卫城遗迹

雅典卫城雄踞在雅典城中央的一个山冈上，布局自由，高低错落，主次分明，突出表现了希腊建筑在空间安排上的一个重要原则，即建筑的每一部分，无一是直接的裸露，均以某个角度的透视效果呈现。希腊的建筑家把一个个本身结构呈现完美对称的建筑物，依傍地势上的落差，在空间上以不对称、不规则的方式进行排列。雅典卫城在西方建筑史上被誉为建筑群体组合艺术中的一个极为成功的实例。

雅典卫城主要由卫城山门、供奉女神雅典娜的帕特农神庙、供奉海神波塞冬的伊瑞克提翁神庙等构成。它们各成一定角度，创造出变化极为丰富的景观和透视效果。当人们环绕卫城前进时，可以看到不断变化的建筑景象。其中，最有代表性的就是位于卫城最高点的帕特农神庙。

● 帕特农神庙复原图

"帕特农"在古希腊语中是"处女宫"的意思。因为它祀奉的雅典娜女神是处女，所以又称为"雅典娜处女庙"。雅典娜是希腊神话中的战神和智慧女神，是雅典城邦的守护者。雅典人相信是雅典娜保卫、拯救了他们的城市。

神庙建造时，雅典人正沉浸在希波战争胜利的狂欢中，他们怀着极大的热情，建造起这座艺术丰碑。帕特农神庙主要是希腊自由民的创造，他们规定在建筑工地上劳动的奴隶不得超过总人数的1/4。神庙就是在这种社会文化背景下建造的。

帕特农神庙建在一个长96.54米，宽30.9米的基面上，下面是三级台阶，庙宇长70米，宽31米。四面是由雄伟挺拔的多利克式列柱组成的围廊，肃穆端庄，高贵大方，有很强的纪念性。神庙正面打破了以往使用6根圆柱的惯例，用了8根石柱，以显国家的雄风。两侧各为17根列柱，每根高10.43米，柱底直径1.9米。柱子比例匀称，刚劲雄健，又隐含着妩媚与秀丽。雅典人以惊人的精细和敏锐对待这座神庙：柱子直径由1.9米向上递减至1.3米，中部微微鼓出，柔韧有力而绝无僵滞之感。所有列柱并不是绝对垂直，都向建筑平面中心微微倾斜，使建筑感觉更加稳定。有人做过测量，说这些柱子向上的延长线将在上空2.4千米处相交于一点。列柱的间距也不是完全一致，间距在逐渐减小，角柱稍微加粗，使因在天空背景下显得较暗而看起来较细的角柱获得视觉上的矫正。

所有水平线条，如台基线、檐口线都向上微微拱起，山面凸起60毫米，长面凸起110毫米，以矫正真正水平时中部反觉下坠的感觉。这样，几乎每块石头的形状都会有一些差别，正好矫正了视觉上的误差。建造者必须拥有极其认真的工作精神和高昂的创作热情，才能完成如此繁杂而精细的处理。

神庙的檐部较薄，柱间净空较宽，柱头简洁有力，洗练明快。神庙顶部是两坡顶，顶的东西两端形成三角形的山墙，上面的连环浮雕现存于大英博物馆，表现的是雅典娜的诞生以及她与海神争夺雅典城保护神地位的竞争。环绕在神殿周围的浮雕板，刻画了半人半马的肯陶洛斯人与拉庇泰人的战争。神庙的饰带浮雕，记载了四年一度的为女神雅典娜奉献新衣的盛大宗教庆典中的游行队伍：长长的马队疾驰向前，矫健的骏马、健美的青年都生气盎然，充满着节日的喜悦。这些浮雕精美细腻，栩栩如生，仿佛能让人感受到当年雅典卫城节日的兴奋，能聆听到游行队伍的马蹄声和喧闹声，看到众神在奥林匹斯山上俯瞰雅典，接受雅典人祭祀的情景。这些浮雕曾经涂着金色、蓝色和红色，铜门镀金，瓦当、柱头和整个檐部也都曾有过浓重的色彩，在灿烂的阳光照耀着的白色大理石衬托下，显得鲜丽明快。

神殿的内部分成正厅和附殿。正厅又叫东厅，厅内原本供奉着著名雕刻大师菲迪亚斯雕刻的雅典娜神像。据载，雅典娜女神身穿战服，高达12米，用象牙雕刻的脸孔柔和细致，手脚、臂膀细腻逼真，宝石镶嵌的眼睛炯炯发亮。她戴着用黄金制造的头盔，盔上正中央是狮身人面的斯芬克斯，两边是狮身鹫嘴有翅的格里芬。胸前的护心镜上装饰着蛇发女妖美杜莎的头。长矛倚在肩上，刻着希腊人与亚马逊人之战的盾牌放在一边，右手托着一个用黄金和象牙雕制的胜利女神像，英姿飒爽，威风凛凛。西门内是附殿，贮存财宝和档案。

整个庙宇最突出的是它整体的和谐统一和细节的完美精致。神庙的建筑建立在严格的比例关系上，反复运用毕达哥拉斯定理，尺度合宜，比例匀称，反映了古希腊文化中数学和理性的审美观，以及对和谐的形式美的崇尚。整个结构中，几乎没有一条直线，每个布局表面都是弯曲的或锥形的，这使人们在观察它的外形时，不会因直线产生错觉而影响对和谐与完美的感受。

在帕特农神庙里，有一些极为伟大的雕塑品，装点在不同的位置，共同构成美妙无比的景观。原来位于东山墙的《命运三女神》，就是一件不朽之作。据说该雕像的设计者是雅典最著名的雕塑家菲迪亚斯，他是伯里克利的密友，协助他兴建了许多工程。

"三女神"在古希腊的神话中，极富神秘色彩。她们是宙斯的女儿，一个专职纺织命运之线，一个分配命运之线的长短，还有一个负责剪断人的命运之线。现存的遗迹已经毁坏得很严重，头部和上肢都

● 帕特农神庙遗迹

不见了，其他部位，包括衣纹也有不同程度的损伤，但留下来的身躯，却依然显示出惊人的美。雕刻家菲迪亚斯为了能充分利用山墙的空间，巧妙地安排了三人的姿势，一个高高端坐，一个蜷腿席地而坐，还有一个斜倚在同伴身上，显得生动和谐。虽精心设计却不显有意雕琢的动作，显得轻松自如，令人赏心悦目。菲迪亚斯认为"神人同形同性"，因此，他把命运三女神刻画为3个丰满动人的年轻女性。他以高超的技艺为我们塑造出不朽的形象。3个女神身上裹着柔软的希腊式宽大纱衣，纱衣是那样轻柔薄细，像被海水打湿

了一样紧贴在身上，隐隐透出女神各自不同的体态，或起或伏，或皱或舒，或叠或平，若隐若现，朦朦胧胧，构成一种极富魅力的绝妙线条，栩栩如生地呈现出女神们玲珑迷人的身躯，给人带来无限遐想和美妙的享受。这些雕像仿佛已被赋予了生命，人们似乎能感到女神们呼吸的起伏、肉体的温暖，我们不得不为菲迪亚斯高超的技艺而惊叹。难怪古罗马人曾说，没见过菲迪亚斯的神像可谓枉活一生。

20世纪著名的建筑大师柯布西耶在游历过帕特农神庙后，叹为观止。他是这样描述的：它有可怕的超自然力量，使得方圆数里范围内的一切，均为之碎裂。

这座神庙自建成以来，历经了2000多年的沧桑变化。在希腊城邦衰落后，神庙被改作教堂。到了土耳其统治时期，它又变成了清真寺。一直到17世纪中叶，帕特农神庙还保存得相当完整，但在1687年土耳其和威尼斯交战时，威尼斯人的一颗炮弹打进了被土耳其人充作火药库的神庙内，把庙顶和殿墙全部炸塌了，神庙毁于一旦。而到19世纪初，英国驻君士坦丁堡的大使埃尔金竟雇用工匠，把神庙内雕刻着雅典娜功业的巨型大理石浮雕劫走。这批稀世之珍，有些在锯凿过程中破碎损毁，有些因航海遇难而沉入海底。一些幸存的残片现陈列在英国的博物馆里。

虽然帕特农神庙现在只剩下一片断壁残垣，但神庙巍然屹立的柱廊，依然鲜活地传达着高贵典雅、简约庄严的美，仍然可以使人们深切地感受到神庙当年的风姿。

奥林匹亚宙斯神庙

■ 一般说来，从古至今，人们举行祭神的场所大多是从自然场地发展到人造祭所，从室外发展到室内。古希腊祭祀场所是古希腊人祭拜神灵、展开其信仰活动最集中的场所，山洞、峰顶、树下、墓前、祠庙等地方都留下了他们崇拜神灵的痕迹。克里特时期宗教的一个显著特点是洞穴祭祀。随后，古希腊人开始以山顶作为祭祀的场所。虽然在建立之初它们均为天然场所，但是作为人与神交往的神圣空间，许多圣地都是按照古代传统确定下来的，不能轻易变动。公元前8世纪左右，随着城邦时代的到来，人们开始在圣地建造神庙。神庙不仅体现了希腊建筑的最高成就，而且，它们与圣地的其他建筑及自然环境相互呼应，和谐一致，更显示出圣地的庄严之美。

在希腊古风时期，希腊神庙建筑形成了它的典型形式——围柱式，即建筑周围用柱廊环绕。两种基本的建筑柱式已经形成，即多利克柱式和爱奥尼柱式。多利克柱式朴素、粗

● 奥林匹亚宙斯神庙遗迹

壮，没有柱基，柱身由下向上逐渐缩小、中间略鼓出，柱身有凹槽，柱头上接方形柱冠。爱奥尼柱式精巧、纤细，有柱基，柱身较细长、匀称，凹槽密而深，柱头为涡卷形，檐壁有浮雕饰带。后来，在古典后期的小亚细亚地区又流行一种科林斯柱式。科林斯柱式在爱奥尼柱式的基础上增加了更为华丽的装饰，柱头形似盛满花草的花篮。

奥林匹亚遗址中心的阿尔提斯神域，是为宙斯设祭的地方。宙斯神庙是位于神域中部主要的建筑，此外还有赫拉神庙以及圣院、宝物库、宾馆、行政用房等。宙斯神庙建于公元前5世纪，是由建筑师李奔设计的一个多利克柱式神庙，长约66米，宽约30米。取

多利克柱式，柱高约 10 米，柱子之间的距离约 5 米，全用石料精制而成。神庙主体材料是石灰石，殿顶盖瓦有 0.6 米宽，全都是使用大理石兴建而成。神庙的建筑设计虽然比较简单，但是很精细，具有典型的古典主义基本特征。

宙斯神庙之所以出名，还在于置于其中的被列为世界七大奇迹之一的宙斯神像。希腊的神像雕塑几乎是与神庙建设同步发展的。希腊人最早的神祇崇拜是没有偶像的。然而，随着神人同形同性的观念逐渐被人们接受后，为神塑像的可能性也就具备了。当对奥林匹斯诸神的祭祀成为各城邦的主要祭祀活动之后，诸神便纷纷拥有了自己独立的神庙，这样就为神像的安置提供了场所。不过，公元前 7 世纪中叶之前的雕像都比较小，且多为木制。公元前 650 年前后，希腊开始出现与人等高或超高的大型雕像和浮雕，这意味着真正的希腊雕刻时代的到来。宙斯神像的出现标志着希腊人的神像雕刻达到了顶峰。

公元前 437 年，雅典最著名的艺术家菲迪亚斯政坛失意，被逐出雅典。应宙斯神庙管理者的邀请，他来到了奥林匹亚。菲迪亚斯来此的任务，就是设计和建造一尊宙斯神像。在此之前，他曾经负责过帕特农神庙的雕刻工作，建造了两座 10 米高的雅典娜黄金象牙雕像，早已闻名遐迩。宙斯神像取坐姿，全身镶满黄金、象牙。他头戴橄榄编织的环，右手握着由象牙及黄金制成的胜利女神像，左手拿着一根镶有耀眼金属的

● 宙斯神像复原图

权杖，上面停着一只鹰。他坐在雕刻精美的奢华宝座上，不包括宝座，仅神像就高 10 余米，相当于现在 4 层高的楼房，是世界上最大的室内雕像之一。菲迪亚斯的这座杰出的雕像，气势雄伟、威严华贵，很好地显示出宙斯作为天神的神韵。

在宙斯神庙遗址发掘过程中，发掘者发现宙斯神像所在位置的西边有一座拜占庭时代的教堂。据推测和后来的考古证实，它就是当年菲迪亚斯的工作室。人们通过发掘，发现了一个铸造青铜的地窖，地窖里有铜渣、泥土颜料、石膏模型碎块、骨头、象牙、铅、铁和黑曜石的碎片等，还有雕刻家的工具，如刮铲、錾刀等。陶器是公元前 438 年以后的，证明菲迪亚斯铸造黄金和象牙的宙斯神像较晚。人们还在这里发现了一系列的赤陶模，匠人们正是用这些陶模敲打出薄薄的金叶，以制造神像的金衣。陶模的背后都标有字母，以确定它在神像中的位置。在作坊的南边，有一个长而低矮的建筑物，那里是公元前 5 世纪后期的辅助工作室。

287 年，宙斯神庙不幸被外族入侵者洗劫一空。392 年，古罗马皇帝狄奥多西一世下令禁止崇拜一切异教神，宙斯神庙被封禁，古代奥运会随之停办，人们也不再来奥林匹亚举行祭典活动。后来，宙斯神像被搬移到君士坦丁堡（今土耳其伊斯坦布尔）。不幸的是，君士坦丁堡遭遇一场大火，神像被烧毁。另外，包括宙斯神庙在内的奥林匹亚大部分建筑物毁于两次大地震，宙斯神庙被震后的山体滑坡彻底掩埋在了地下。

天使的设计——万神庙

■ 万神庙是现今保存近乎完美的古罗马建筑，以其宽广阔大的体量、技艺高超的巨大圆拱而闻名于世。文艺复兴时期的著名文艺大师米开朗琪罗曾经赞叹它是"天使的设计"。万神庙有着宏伟壮丽的风姿、雄伟端立的气势与和谐优美的古典气质，堪称世界建筑的珍品，是西方建筑史上和谐与完美的典范之作。

万神庙，又称"潘提翁神殿"，是古罗马的建筑杰作之一。它始建于公元前27年，是当时的罗马执政官阿格里巴为庆祝亚克兴战役获胜，向其岳父奥古斯都大帝表示敬意之作。

整个建筑由一个矩形的门廊和一个圆形的神殿两大部分组成。门廊面阔33米，排列着16根由大理石和花岗石制成的科林斯式柱子。柱子底部直径约为1.43米，柱头上部是藤蔓似的涡卷，下面是复杂细致的莨苕花的茎叶图案，挺拔优美，庄严高贵，它们支撑着一个希腊式的半三角形檐墙。从前，墙上有一幅铜刻浮雕做装饰，描述的是巨人们与神作战的情景。

万神庙入口处是两扇青铜大门，为遗存的原物。它高7米，又宽又厚，是当时世界上最大的青铜门。靠门的两个壁龛内，曾经放置着奥古斯都和阿格里巴的

● 万神庙内景

雕像。进入堂内，是一个圆厅，墙壁上布满了长方形和半圆形的壁龛，内有为遇刺的恺撒大帝复仇者的塑像，还有恺撒本人的雕像、战神雕像等其他雕像。壁龛旁伴以彩色大理石柱。在左侧第一间小堂内埋葬着画家佩林·德瓦卡的骨灰，他是拉斐尔的得力助手。隔壁是画家兼建筑师巴尔达萨莱·佩鲁吉的坟墓。

万神庙神殿由8根巨大的拱壁支柱承荷。四周墙壁厚达6.2米，上面没有一扇窗子。外面砌以巨砖，内壁沿圆周有8个大壁龛，用以减轻墙体重量和装饰墙面。这种极其富有创造性的建筑结

构，对文艺复兴时期欧洲各国的宗教建筑都有着不可估量的影响。神殿上部的圆顶是一个完美浑圆的半球体，这是整个建筑物最精彩绝妙的部分。这个古代世界最大的穹顶直径约 43 米，垂直的顶高与直径相等，穹顶顶部厚 1.5 米。穹顶由以火山灰为原料的混凝土制成，上面是凿成中空的有层层花纹的凹格，一共有 5 排，每排 28 个。每个凹格中心原来可能有镀金的铜质玫瑰花，现在已经磨蚀掉了。越接近穹顶顶端的凹格就越轻，穹顶上部混凝土的比重只有底部的 2/3，最高部分是极轻的浮石。穹顶顶端是敞开的天窗，这极大地减轻了穹顶的重量。天窗直径为 8.9 米，阳光由此射入，普照着大殿。穹顶象征着浩瀚的天宇，天窗则象征着人与上天的联系。神明可由此降入庙内，而穹顶下教徒们虔诚的祈祷也能从这里自由地直升上天堂。当天光倾泻而下，照亮神殿四壁，并柔和地贴着大理石游弋，仿佛传递着来自天国的福音，万神庙内的神灵以及圣人亡灵都在这天堂之光的庇佑下得到安息。这个封闭而连续包围的内壁使得任何声音都可以在其中反射，增大了空间的共鸣性，使信奉者感受到一种庄严肃穆、神秘超然的宗教力量。建筑史家说"它是把古希腊的回廊移进了室内的结果"，体现着罗马神庙建筑中典型的帝国风格。

● 万神庙外景

万神庙每一处的尺寸都计算得毫厘不差。它那宏伟的圆顶设计，一直影响着欧洲的建筑风格。这个大圆顶，过去一直被认为是用砖和混凝土砌成，并且是建在第二层上面的。通常来说，这样规模宏大的圆顶必须有一些支撑物。但在20世纪30年代的修复工作中发现，这个大圆顶里并无砖砌的骨架，圆顶也不是建在第二层上，而是建在第三层上，就像是一顶浅而扁的无檐帽，被凹格支撑着。因为圆顶外表装修得极为细致，二、三层之间的构架十分严密，所以才给人以整个连在一起的错觉。如此大胆的空间处理，在西方古代建筑中可以说是绝无仅有。圆拱形的内壁虽无窗户，却有彩色大理石以及镶铜等装饰，华丽炫目，富丽堂皇。万神庙的内墙全部用赭红色大理石贴面，地面铺设着灰白色的大理石。地面和圆顶呼应，也用格子图案，统一而和谐。

罗马人在结构工程的发明上可谓登峰造极，文艺复兴时期的建筑师如果不是仔细研究建筑手册或直接采用古典的建筑模式，根本就无法达到罗马人的建筑水准。万神庙以巨大的体量和完美的形式呈现出一个极为完整、统一、和谐的建筑空间，对后世产生了极大的影响。文艺复兴时期最宏伟的教堂建筑——圣彼得大教堂，其圆顶就是以万神庙的圆顶为范例修建的。

● 万神庙内景

万神庙曾毁于公元80年发生的火灾。到了2世纪初，古罗马皇帝哈德良在原址上进行了重建。早期的万神庙也是前柱廊式的，焚毁后重建时，采用了穹顶覆盖的集中式形制。万神庙前本来有狭长的广场，现在已彻底改建。神庙左右两侧原来还紧贴有其他建筑物，也已毁除。现存的神庙外部只有柱廊，可能是从阿格里巴督造的旧万神庙拆移过来的。穹顶和柱廊原来覆盖的镀金铜瓦，663年被拜占庭皇帝掠去，735年改以铅瓦覆盖。

总而言之，万神庙是古罗马建筑中保存最为完好的建筑物，是继希腊神庙艺术之后的又一发展高峰。它充分运用了高超的拱券技术，加大了神庙的内部空间，营造出壮阔宏大的风格，显示了古罗马人卓越的建筑工程技术，体现了古典建筑和谐、稳定和庄严高贵的特色。万神庙实现了"以一岩当天盖"的大胆假设，在现代结构出现以前，它一直是世界上跨度最大的空间建筑，其高妙的技术令人惊叹！简洁洗练、和谐大方、恢宏浩大的建筑样式，错落有致、别具韵意的建材排列，使万神庙产生了一种非比寻常的美感。

古老巴黎的象征——巴黎圣母院

■ 屹立在塞纳河西岱岛中心的巴黎圣母院堪称是古老巴黎的象征。这座哥特式的巨石建筑始建于1163年，是巴黎最古老、最高大的天主教堂。自它落成之日起，即成为全法国宗教建筑的标杆，并且对于整个欧洲有极大的影响，在欧洲建筑史上具有划时代的意义。

巴黎圣母院的院址蕴含着丰富的历史。这里曾经是一座丘比特神殿，6世纪时建了一座长方形教堂，这座教堂有12块基石取自原先罗马神殿的遗址。到了12世纪，长方形教堂已经毁损不堪。1160年，当时的巴黎主教苏利决定在这个地方建造一座可以和圣特埃努大教堂媲美的宏伟教堂。教皇亚历山大三世在1163年亲自奠基，启动了这座法国哥特式建筑代表作的建筑工程。

在建造这座迄今有800多年历史的大教堂时，为了往工地上运送建材，还专门修了一条圣母新街。最先建造的是教堂后面的祭坛，其次完成圣母院正殿和走廊，之后完成南塔、北塔以及圣母院西侧正面，仅这些就花费了 50 年的时间。在这期间，建筑师也不停地变换着，约翰·德歇尔、皮埃尔·德蒙特尔热、莫尔·德歇尔……他们用自己的才智和浪

● 巴黎圣母院外景

漫，终于成就了这"石头的交响乐"。整个工程从开工到完工总共花费了 100 多年的时间。

哥特式教堂的十字形平面，高耸的中殿、翼殿和高塔，这些都承续了 11 世纪的仿罗马式教堂风格。然而尖拱和肋拱结构上的优势，使早期哥特式建筑高度超越了先前所有的建筑。而巴黎圣母院就是此类建筑的杰作，也代表了中世纪人类的成就。对建筑高度突破的不断尝试，促成了结构方式的重大发展，诗班席高达 33 米的拱心石，高度就超越以往任何一座哥特式建筑。当中殿开始进行营建时，又将拱顶的高度增加了 2 米。但是，为支撑侧边廊道而使用扶壁的方法，很快地暴露出结构上的弱点，13 世纪的石匠思考出使用飞扶壁的补救办法，后来便成为哥特式建筑设计上的特色。石匠们只利用了一些基本的草图和模型做辅助，就能严密地督导建造大教堂的结构工程。大部分采用以简单的数学比例为基础的直觉式计算方法，再参考早期结构的实例，几乎就是石匠们代代相传的建筑秘诀。基地状况的特殊需求和建造更旷达、更明亮的建筑的目标，则是他们持续发展的原动力。

具有浪漫主义特色的建筑师们还采用了与过去教堂不同的彩色

玻璃大窗户。宽敞明朗的内部、高高耸立的尖塔，营造出的雄伟与神秘的氛围，使中世纪的人们大为震惊。巴黎圣母院被誉为"中世纪建筑中最完美的花"，它虽然是是一幢宗教建筑，但它闪烁着法兰西的智慧之光。

圣母院的正外立面风格独特，棱角分明，结构严谨，看上去十分雄伟而庄严。它被壁柱纵向分隔为三大块；3 条装饰带又将其横向划分为 3 部分，其中，底层并排有 3 个桃形门拱，绕门拱的弧形由几个长串浮雕组成，最下面一条壁龛，被称为"国王长廊"，上面陈列着以色列和犹太国历代国王的 28 尊雕塑。1793 年，法国大革命中的巴黎人民误将其认作他们痛恨的法国国王的形象而将它们捣毁。幸好后来，雕像又重新被复原并放回原位。

在国王长廊上面一层的中央有一扇巨型花瓣格子圆窗，纤秀而优雅，有如灿烂的抽纱花边，显出一种妩媚的风姿，这就是有名的玫瑰玻璃窗。圆窗直径约 10 米，建于 1220 至 1225 年。第二次世界大战期间，为了避免纳粹的破坏和掠夺，它被巴黎市民拆下来藏了起来，才被完好保存至今。巴黎圣母院自完工之日起，屡经风霜，目前人们见到的已是几度重修的了。"国王长廊"上面一层的中央供奉着圣母、圣婴，两边侧立的则是亚当和夏娃的塑像，旁边还有天使的塑像。

最上面单薄的梅花拱廊用一排细小的雕花圆柱支撑着，一层笨重的平台把两侧伟岸的塔楼连成一个和谐而宏大的整体。其实这两座塔楼从未竣工，因为没有塔尖。不过，它们仍然显得很美观，其中一座塔楼还悬挂着据说是加西莫多曾经敲过的重达 13 吨的大钟。在教堂顶端的各个角落，有许多石雕怪物，若隐若现，十分奇妙。整个正外立面是纵与横、实与虚的完美结合，是和谐、典雅和匀称的绝妙体现。这一切，成群而不紊乱地尽现眼前，呈现出一派肃穆安详的气氛，如同一首凝固了的交响乐，对称、雄浑、波澜壮阔，既千变万化又永恒如一。

巴黎圣母院正门入内是长方形的大教堂，堂内正殿高于两旁附属结构。屋脊处兀立着一座高 90 余米的尖塔，顶端是一个细长的十字架，远望似与天际相连。大教堂长约 130 米，宽约 50 米，堂内大厅可容纳 9000 人。堂前祭坛中央是天使与圣女围绕着殉难后的耶稣的大理石浮雕——《最后的审判》，回廊、墙壁、门窗布满雕塑和绘画，此外还点缀有鲜艳的彩色玻璃。当一束束阳光穿透彩色玻璃，把这五彩斑斓的光线射向大厅的每个角落时，整个大厅更显庄严华丽、虚幻缥缈。

教堂内部除了方形或圆形的彩色玻璃外，几乎没有什么特别的装饰。厅内有非常著名的大管风琴，共有 6000 根音管，音色浑厚响亮。

巴黎圣母院的许多屋顶、扶壁的上部都用尖塔做装饰，采用了轻巧的龙骨结构，使整个拱顶升高，从而显得空间更大，一反以往和同时期教堂建筑那种拱壁厚重、空间狭小、屋顶低矮的弊端，由此开创了欧洲建筑史上的一代新风。这座可敬的历史性建筑的每一侧面、每块石头，不但是法兰西民族历史的积淀，更是人类社会文明升华的结晶。

还记得那个发生在巴黎圣母院中哀婉凄绝，令人喟然长叹的故事吗？能歌善舞的吉普赛女孩艾斯美腊达，阴险而残暴的主教克洛德，丑陋而善良的敲钟人加西莫多……当然，这曲折的情节不过是维克多·雨果富有浪漫主义的艺术构想，悲剧并不曾发生于巴黎圣母院。后人深感雨果的伟大，其巨著《巴黎圣母院》引起了人们对当时已摇摇欲坠的巴黎圣母院的重视，统治者遂拨款对其进行整修。

如果说埃菲尔铁塔是现代巴黎的标志，那么巴黎圣母院无疑是古老巴黎的象征。几百年来，它一直是法国举行重大宗教、政治活动或典礼仪式的场所。太阳王路易十四举办的盛况空前的加冕大典，美男子菲利普召开的对巴黎社会影响深远的三级会议，亨利六世的加冕仪式，更为此处增辉生彩；罗马教皇为法兰西民族英雄——年轻的贞德举行的昭雪仪式也在此举行。

然而历史带给这座大教堂的不仅仅是辉煌。18 世纪，巴黎圣母院的内部建筑、彩色玻璃、雕刻等都被一一破坏。1789 年法国大革命期间，巴黎圣母院遭受了严重的亵渎。教堂正面墙上的雕塑被打

● 巴黎圣母院全景

碎，大门口的雕塑也被推翻，只有内院门上的圣母像幸存。教堂里几乎所有的钟都被熔化掉了，只剩下一口巨钟。教堂里面存满了草料和储备粮。待整个修复工程彻底完工，已经是 19 世纪中期了。整修工程是由当时法国著名的建筑师维优雷·勒·杜克主持。实际上，此次重建称不上是真正意义上的复原工程，而是将各个时代拼凑起来以寻求历史重现的产物，包括重修那些奇形怪状的人物图形装饰，这反映出 19 世纪人们对哥特式风格的崇尚。

1802 年，拿破仑重新赋予巴黎圣母院宗教职能。1804 年 12 月 2 日，拿破仑在此加冕。现存放于卢浮宫博物馆里最大的一幅油画，即雅克·路易·大卫的《拿破仑一世加冕大典》，就记录了影响法国历史的这次重要事件。

历史成就了一座有血有肉有灵魂的巴黎圣母院。在这里，人们甚至能够感受到那些曾经发生过的事情。那些灰色房顶之间点缀着的青铜塑像，经过多年的风风雨雨，已经变得一身铜绿，但看起来

依然充满强大的生命力。

然而不幸的是，当地时间 2019 年 4 月 15 日傍晚，巴黎圣母院发生严重火灾。超过三分之二的塔顶被毁，尖顶坍塌，屋顶的木骨架几乎全部被烧毁，部分石质拱券的中殿屋顶也坍塌至下方的教堂内部。尽管遭受了如此巨大的损失，巴黎圣母院的主体建筑却奇迹般地保存了下来。

火灾发生后，法国政府立即表示启动修复巴黎圣母院的工作。截至 2024 年 4 月 15 日巴黎圣母院大火五周年之际，主体建筑施工已进入收尾阶段。据相关人士透露，巴黎圣母院的整个修复工程大约需要 10 年时间。

哥特式建筑的典范——科隆大教堂

■ 科隆大教堂是德国最大的教堂，也是欧洲乃至世界上最著名的教堂之一，被誉为哥特式教堂建筑中最完美的典范。它巍峨雄壮，冷峻高耸，是中世纪欧洲哥特式建筑艺术的代表作，也是科隆城的标志性建筑。

科隆大教堂原址是罗马时代的一座神庙，后改为教堂。它是世界上最高的双塔教堂，两座尖塔高 150 余米。它还是世界上建筑时间最长的教堂。据说，当初教堂的兴建是为了保存 1164 年意大利米兰大主教送来的《圣经》上传说的三博士的遗物。教堂从 1248年动工兴建到 1880 年最后竣工，前后共跨越了 7 个世纪。迄今保存的当年教堂的设计图纸堆积如山，有成千上万张，在建筑教堂的历史上可谓空前绝后。科隆大教堂还是欧洲教堂中收藏圣物最多的教堂之一。它的陈列室中陈放着名贵的耶稣受难的木雕、各种圣器，各个世纪留下来的皇帝的圣衣、手稿等。

在当时德国最大的城市里建造一座世界第一的大教堂是所有德

国人的共同愿望。1248年8月15日，科隆地区的主教康拉德为大教堂动工举行了奠基仪式。双顶教堂高达44米，且直上直下，既要保证底座地基的稳固，又要体现哥特式建筑所独具的垂直线性的效果。人们只能先建好直耸高拔的柱子，再用木制起重机，升到几十米的高空，最后安装完成。所有的工程人员在不具备现代几何学和力学知识的前提下，克服着各种艰难险阻，靠着信念去完成这"不可能的任务"。设计师们对于每一个细节部分，都精雕细琢、反复研究，边试验边建造。因为没有统一的尺寸标准，他们就先搭建模型再制造实物。木匠、泥瓦匠、石匠、搬运工也都不辞辛苦地忘我劳作。终于，在1322年，科隆大教堂的工程正式告一段落，地区主教主持了唱诗堂封顶仪式。但今天人们看到的双塔并不是中世纪的产物。15世纪初，人们曾试图在原教堂的南面并排修一座南堂，但58米高的建筑未盖成便倒塌了。

到了19世纪60年代，普鲁士帝国日益强盛，财力雄厚。科隆大教堂未尽的工程又被提上议事日程，德国人决定在原来基础上再建一座世界上最高的教堂。于是从1864年起，科隆市便开始发行彩票以筹集资金，到1880年终于完成了修建工作，形成了今日由两座高塔为主门、内部十字心为主体的建筑群。

第二次世界大战期间，科隆遭到多次大规模轰炸，整座城市几乎被夷为平地。教堂虽中了14枚炸弹，却仍屹立不倒。据说，这是因为教堂的塔身都是近乎笔直的，触到塔尖的炸弹都滑了下来，落地的炸弹虽然爆炸了，但教堂的塔基都是由两米多高的巨石垒就，十分坚固，从而抵御了巨大的冲击。

战争结束后，当时的德国总理康拉德主持了科隆大教堂的重修工作，使其焕然一新。现在的科隆人对于两位康拉德（1248年的主教和1949年的总理）的贡献都推崇备至，称誉有加。大主教康拉德的肖像，就被镶嵌在大教堂中殿的马赛克地面上。

科隆大教堂伫立在莱茵河畔的一座山丘上，总面积8000余平方米。平面呈拉丁十字形，宽80余米，长140余米，内有10个礼拜堂。科隆大教堂是仿照法国亚眠大教堂建造的，但也有许多自己的特

● 科隆大教堂外景

点。大教堂的长厅被分为了5部分，而不是通常的3部分，左右侧厅各为两跨间，宽度都与中厅相等。中厅宽12.6米，高46米，宽与高的比例大概为1∶4，是所有大教堂中最狭窄的，这样就使得空间显得更加细长，向上的动势更为明显，产生一种超尘出世的效果。

在大教堂的西端，正立面直立着一对塔楼，它们高耸入云，宛如两把利剑直插蓝天，在科隆市区以外就遥遥可见，十分壮观，这也是科隆大教堂最突出的形象标志。两塔的塔尖各有一尊紫铜铸成的圣母像，圣母双手高举着圣婴，圣母和圣婴均成十字架状，构图优美，形象生动。在教堂四周还林立着无数座小尖塔，众星拱月般簇拥着两座主塔，如同尊奉着至高无上的王者。教堂东端的后圆殿则完全仿照了法国亚眠教堂的形制。在两座尖塔上面，是科隆大教堂的钟楼。楼里有5座大钟，最著名的是直径约3米、重达24吨的大摆钟，名为"圣彼得钟"。它在全世界的教堂中都属于"巨无霸"级的。每当洪钟齐鸣，洪亮深沉的钟声就如同波澜壮阔的洪流，此起彼伏，气势磅礴，久久地回荡在科隆的天空和大地，把整个教堂烘托得更为神圣庄严。

科隆大教堂共由 16 万吨石头建造而成，是典型的哥特式建筑风格。它除了门窗外几乎没有墙壁，在高大、明亮、涂金的柱子之间，是一块块镶满彩色玻璃的大窗，辉煌而神秘，令人有恍入天堂圣境之感。整个建筑高耸、轻盈、富丽、灿烂，充满了雕刻与绘画的装饰，如同一件精美绝伦的工艺品。它从奠基之始直到形成今日之规模，蕴涵着强烈的德意志民族精神。

● 科隆大教堂全景

科隆大教堂充分体现出建筑师对哥特精神的理解，表现出卓越的空间结构的想象力，富有创造性地揭示出哥特式建筑的本质。无论是中厅两侧拔地而起的细柱，还是尖端收尾的拱顶、高而细长的侧窗，都是笔挺的直线，没有任何横断的柱头及线脚来打断。整个教堂的外部通通由垂直的线条所统贯，一切造型和装饰都以尖拱、尖券、尖顶为要素。所有的拱券、门洞上的山花、凹龛上的华盖、扶壁上的脊饰都是尖尖的。所有的塔、扶壁和墙垣上端也都冠以直刺苍穹的尖顶。而且整个建筑越往上越是细巧，越是玲珑，建筑物所有的纤细部位上都覆盖着有流动感的石造镂空花纹，明快流畅，纤巧空灵。

走进大教堂，中央是一个大礼拜堂。堂内陈列着各种金工、石工、木工的历史文物，一件件巧夺天工、异彩纷呈。其中由黄金、宝石和珍稀饰品组合而成的三王龛是宝中之宝。三王龛的名称源自

《圣经》中的耶稣故事。传说耶稣降生时，有3个来自东方的博士前来朝圣，向众人表示这是上帝之子。科隆大教堂还有许多关于"三圣节"故事的彩色玻璃，都具有极高的艺术价值。教堂的珍宝陈列室中则陈列着各个世纪留下来的法衣及用具，其收藏在整个欧洲都数一数二。教堂中还有一件著名的圣物，就是陈放在主教堂前面祭坛上的，1164年专门从意大利送来的三博士的遗物——黄金棺、乳香和没药。现在它们都用金神龛装着，这个金

● 科隆大教堂内景

神龛本身也是中世纪的一件金饰艺术品。这里还有一件著名的艺术品，就是唱诗班长廊中一幅巨大的宗教画，它是15世纪早期科隆画坛的著名画家斯蒂芬·洛赫纳的杰作。

大教堂里面有着中世纪德国最大的圣坛。圣坛上耸立着一个巨大的十字架，据说这是欧洲大型雕塑中最古老、最著名的珍品。圣坛两侧排列着104个供信徒就坐的木制席位，全部都用厚实的巨木制成。其旁是呈放射状的走廊。在教堂四壁上方，有1万多平方米的窗户，镶嵌着描绘《圣经》人物的玻璃，在阳光反射下熠熠生辉，瑰丽缤纷，令人叹为观止。

科隆大教堂的内部结构独具一格，全部采用框架式的、几近于裸露的骨架券，原本由大量石头堆砌的墙壁，都被彩色玻璃墙所取

代。玻璃的轻灵和透明，使人的心灵更为空灵，能更深切地感悟到浩瀚的苍穹和无涯的宇宙。与法国的哥特式教堂相比，科隆大教堂的装饰较为疏简冷峻。

人们常说建筑是凝固的音乐，音乐是流动的建筑。科隆大教堂依傍着莱茵河的波光艳影，如同一首动人心魄、恢宏壮阔的交响诗，每年都会吸引数百万游客在这里流连忘返。

多位大师的结晶——圣彼得大教堂

圣彼得大教堂是全世界最大的天主教堂，却位于世界上最小的国家梵蒂冈。梵蒂冈可以说是一个国中之国，全部领地都在意大利罗马市内。梵蒂冈是以教皇为君主的政教合一主权国家，面积仅44万平方米，大约只有一个城市公园那么大。圣彼得大教堂是梵蒂冈最高的建筑，也是罗马天主教最重要的宗教圣地。它以基督耶稣的门徒彼得的名字命名。

彼得在跟随耶稣前是一个渔夫，后来跟着耶稣一起传教。当耶稣的门徒犹大出卖耶稣，引领人来追捕耶稣的时候，彼得出于一时的胆怯，三次不认主。这种胆怯行为给他的一生蒙上了巨大阴影，他一辈子都忏悔着自己的罪行。耶稣死后，彼得把整个生命都投入到耶稣留下的事业中，一生兢兢业业，呕心沥血。他不辞辛苦，携众教徒从巴勒斯坦起程，西行万里，来到罗马传教，不幸被历史上著名的暴君尼禄所杀。临刑时，他留下遗言："我比不上我的老师，请让我倒着死。"于是，彼得就被倒钉在十字架上悲壮地死去了。

为了纪念彼得，欧洲许多地方都为他设立了陵墓和教堂。4世纪，罗马的君士坦丁大帝在皈依基督教后，在埋葬彼得的地方建立了一座名为圣彼得的小教堂。随着基督教势力日趋昌盛，16世纪，教皇尤里乌斯二世登基后，为了显示教廷的威势与力量，他决定拆除破旧的小教堂，在原址兴建一座宏伟壮丽、雄霸天下的新圣彼得教堂。教皇要求新教堂摒弃已有的意大利哥特式，并要胜过所有异教徒的教堂。

教廷采取公开竞标的方式选择设计方案，画家兼建筑家布拉曼特

● 圣彼得大教堂外景

的巨型圆顶与希腊十字形叠合的设计方案以其构思的严密精巧，式样的独特壮观，获得了教廷的青睐。1506 年，大教堂开始动工，几年后教皇尤里乌斯二世就去世了，第二年布拉曼特也去世了。他只完成了教堂中央的奠基工作以及教堂的甬道拱门等局部工程。新教皇利奥十世命令拉斐尔接替布拉曼特成为工程的总设计师，并要求将原来方案的希腊十字形改为拉丁长十字形，因此圆顶被取消，引进了一些哥特式的设计。但是，因工程量过大、西班牙入侵、反赎罪券风潮以及拉斐尔去世，工程进度又放慢直至停顿。1547 年，教皇保罗三世任命 72 岁的米开朗琪罗为总工程师，米开朗琪罗又恢复了原先布拉曼特设计的希腊正十字形式样，并作了一定的修正，把半球形大穹顶改为椭圆形，并精心设计了 42 米宽的中央大厅，四角有小穹顶衬托。但他也没有等到工程完工就去世了。之后，保罗三世将其未完成的工程委托给了卡诺·马德尔诺，他基本执行着米开朗琪罗的方案，但在拱顶两边加了 3 个小堂，这使得整体效果大变。后来，贝尔尼尼又在马德尔诺的钟楼上添加了塔球。16 世纪末，教皇保罗五世又下令在教堂正厅前边加建一个巴西利卡式的大厅。这样，整个建筑又改成了拉丁十字形。到 1626 年，旷日持久

的重建工程终于完工，罗马教皇乌尔班主持了落成典礼。

从 16 世纪初动工起，大教堂的重建工程历时 100 多年，前后约有 20 个教皇主持，包括拉斐尔、米开朗琪罗、贝尔尼尼在内的 10 多位文艺复兴时期

● 圣彼得大教堂内景

的艺术大师先后参与了教堂的设计和装修工作。新建的大教堂规模宏大，气势雄伟，高达 138 米。在 1989 年非洲建起一座超过它的天主教堂以前，它一直是世界上最大的天主教堂和世界上最大的圆顶建筑物。

大教堂有 5 扇大门，每扇大门都有雕刻精致的铜像及铁锁。平常只有两侧的小门供人进出，居中的正门只有在重大的宗教节日，才能由教皇亲自开启。其他 4 扇门是圣事门、善恶门、死门及圣门，圣门每隔 25 年才开一次。在圣诞之夜，教皇带领教徒由此门走入圣堂，意为"走入天堂"。圣彼得大教堂左右两侧还有两尊巨大的石雕像，是罗马帝国的君士坦丁大帝和撒勒蒙尼大帝的雕像。

在教堂正门左侧是贝尔尼尼雕塑的《圣小钵》，采用云田石雕刻而成，展现的是两个顽皮可爱的小天使各捧着一个贝壳状的圣小钵的情形。雕塑活泼生动，栩栩如生。在教堂右侧拐角处摆放着米开朗琪罗的名作《圣殇》，创作这座雕像的时候，他只有 24 岁。雕像展现的是圣母玛利亚抱着受难后的耶稣基督的情景。玛利亚双眼低垂，左手微微摊开，右手搂着遍体鳞伤的耶稣，无限疼惜、无限悲痛地凝视着自己亲爱的儿子。作者赋予圣母以人间母亲的形象和

感情，她非常年轻美丽，神态宁静安详，只是在眼角、眉心透露着隐隐的哀伤。米开朗琪罗将母亲失去儿子的悲痛与无奈和对上帝虔诚的信赖与顺从刻画得淋漓尽致，雕像洋溢着一种静谧而又圣洁的美，人们称其为整座教堂中最优雅的雕塑作品，是教堂的"镇堂"之宝。

在圣母玛利亚雕像的上方立有一座十字架，天花板上铺陈着一幅壁画，这是教堂内唯一直接画在天花板上的画作，其他所有的绘画都是用马赛克瓷砖绘制后再镶嵌完成的。

圣彼得大教堂入口门厅横向展开，内接纵向的中厅，至此，进入了圣彼得大教堂的内部。这里简直就是一座金碧辉煌、流光溢彩的艺术宝库。它气势恢宏、富丽堂皇，可容纳

● 圣彼得大教堂内景

几万人。彩色的大理石墙面光滑锃亮，屋顶和四壁都饰有以《圣经》为题材的绘画和雕像。中厅高约 46 米，西端是一个圣坛，圣坛上方刻着两米多高金光闪烁的字母，人像更是高 4 至 6 米。在圣坛四角，由 4 个边长 18 米的墩座支承起一个巨大的穹顶。人们抬头仰望，就仿佛立于天穹之下，高旷而肃穆。从教堂底乘电梯可升至穹顶。穹顶很大，直径有 42.32 米，周长 71 米，内部顶点高 123.4 米，可容纳 10 多个人站立。穹顶的十字架顶尖距地面 137.8 米，是罗马城的最高点。穹顶的四周内壁上饰有色泽鲜艳、精美动人的镶壁画和玻璃窗。站在穹顶里，整个罗马城尽收眼底，人仿佛与浩渺的宇宙连为一体。这个穹顶被公认是人类历史上绝无仅有的

不朽之作。

在大穹顶下方是圣彼得大教堂的主体部分。贝尔尼尼的杰作——青铜华盖就被置于米开朗琪罗宏伟的穹顶之下，这是贝尔尼尼用了9年时间建造而成的巴洛克式建筑。在金色耀眼的光芒中，青铜华盖显得活泼而又不失庄严。贝尔尼尼的作品最伟大的地方在于它总赋予空间以新的意义，他在创作中总是善于利用强烈的光源来帮助自己表达作品的主题，完善作品的内涵。这个巨大的青铜华盖高度接近30米，用4根由黑色和金色装饰而成的螺旋形大铜柱支撑。柱上饰以金色的葡萄枝和桂枝，枝叶间攀附着无数小天使，许多只金色的蜜蜂点缀其间，金光闪烁。华盖四周金叶垂挂，波纹起伏，似随风飘舞。华盖之内有一只展翅飞翔的金鸽，光芒四射，耀人眼目。

阿诺尔福·迪·坎比奥于13世纪创作的圣彼得青铜像屹立于四大巨柱下，走过他面前的人们常会亲吻他的右足而祈求得到圣人的庇佑，所以他的右足更换了好几次，现在又已被磨得锃亮。

华盖下方是一座祭坛，点缀着大理石雕塑和黄金饰物，只有教皇本人才可以进入这座祭坛。再下面就是圣彼得的坟墓，在坟墓的上方有着彩色玻璃做的鸽子。墓前放置的是由新古典主义雕刻家卡诺巴做的教皇庆典像。墓前栏杆上点着数十盏昼夜不灭的长明灯，象征着基督教的光辉永不磨灭，也同时表示对圣彼得的深深敬意。圣彼得大教堂里面有50座教宗的圣坛及册封圣者的雕像，跟许多其他的大教堂一样，雕像底下的地下室即安放着这些人物的遗体棺椁。这一带灯光摇曳，布幕低垂，更增加整个中殿神秘而安静的宗教气氛。

在中殿的尽头，是被称为"巴洛克艺术之父"的天才雕塑家贝尔尼尼的另一杰作——镀金的青铜宝座，被称为"圣彼得宝座"。它充分表现了贝尔尼尼丰富的想象力和天才的艺术直觉。宝座上方是光芒四射的荣耀龛及象牙雕饰的木椅，椅背上有两个小天使，手持开启天国的钥匙和教皇三重冠。传说这把木椅是彼得当年使用的坐椅，不过，历史学家认为它是加洛林王朝的查理二世登基受封时所使用的坐椅，9世纪由查理二世捐赠给圣彼得大教堂的。在其背后上方，是精美的"圣灵"像。

从这里转往右侧的长廊，首先映入眼帘的是罗马帝国利奥大帝的墓穴，以及贝尔尼尼的另一件雕像——《亚历山大七世》。当时贝尔尼尼已经80岁了，但仍然表现出令人惊叹的卓越的创造力。这个长廊还摆设着许多其他的

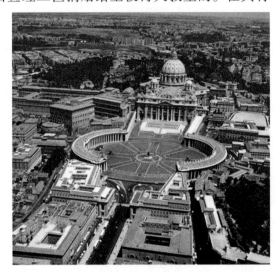

● 圣彼得广场

雕像，也是名作集萃。此外，长廊里还有告解室、忏悔室，可以举行小型的宗教仪式。

教堂前面是一座巨大的椭圆形广场，名为"圣彼得广场"，它是贝尔尼尼受教皇之托，在教堂前加建的。圣彼得广场长340米，宽240米，是典型的巴洛克风格。它可容纳50万人，是罗马教廷用来举行大型宗教活动的地方。它与大教堂原有的梯形广场合在一起，与后面的教堂连成一片，气势宏伟，极为壮丽。广场的设计是完全按照罗马天主教廷的要求，将富丽豪华的世俗化装饰纳入到宗教艺术中来。圣彼得广场是主体建筑与广场紧密结合的典范，其精美与气势都是同时代和后代同类建筑难以企及的。

圣彼得大教堂规模宏大，装饰精美华丽，其巧妙繁复令人目不

暇接。它文雅的外形与金碧辉煌的内部形成鲜明的对比，遍及堂顶、墙壁、石柱的浮雕以及色彩斑斓的图案令人眼花缭乱。

未完待续的神圣家族教堂

神圣家族教堂是世界上最富神奇色彩的建筑之一，也是西班牙巴塞罗那的标志性建筑。它造型奇特，斑驳陆离，奇幻宏丽。教堂兴建至今已有 100 多年，到 2024 年仍处于建设之中，被称为"未完成的纪念碑"。教堂幽深的尖顶、高耸的石柱有着惊心动魄的魔力，能使人联想到童话王国，威严中不乏诙谐，庄严中带有轻松。

神圣家族教堂是安东尼奥·高迪的杰作。高迪是西班牙有名的建筑师，在世界建筑史上极负盛名。他将传统与现代融为一体，创造出奇幻怪异、不同凡响的另类建筑风格。然而，神圣家族教堂还未完工，高迪就不幸遭遇车祸去世了。

这座教堂高耸云端，俯瞰大地。高迪将毕生的心血都倾注于神圣家族教堂上了，他因沉迷创作而终身未婚。为了全心专注于神圣家族教堂的建设，他还推掉了许多赚钱的工程。这位天才建筑师曾当街乞讨，以筹钱兴建神圣家族教堂。高迪生前清贫得一文不名，身后却留下了价值连城的文化财富。高迪自接手教堂设计后，一直潜心研究，力求达到最完美的效果。高迪曾经说过，他不急着完成教堂，因为他的"老板"并不急，"老板"指的是上帝。神圣家族教堂自动工之日起，直到 1926 年高迪逝世，40 多年间只建成一个耳室和一座塔楼。这座教堂耸立在欧洲大地教堂的丛林中，却有着无与伦比的艺术魅力和惊心动魄的冲击力。它如此宏大壮美，如此精雕细琢，如此令人震撼，已成为巴塞罗那乃至西班牙最重要的保护文物之一，甚至被列入《世界遗产名录》。

神圣家族教堂一开始是由巴塞罗那另一位建筑师负责设计的，

他的设计以传统的直线条为主。高迪接手时，工程已建到进门的高度了。于是，高迪从大门口的轮廓线起，全部改用曲线，他认为直线属于急切、浮躁的人类，曲线这种最自然的形态才属于上帝。高迪的神圣家族教堂，以纯手工

● 神圣家族教堂远景

的方式精心打造，所以花费的时间十分漫长。不过，据说高迪的脑海里对此建筑的构想一直没有最后定稿，高迪总是边设计边施工，不断地修改和完善他的创造性的构想。教堂计划建造3个立面、18座竹笋状尖塔，但是到1926年高迪去世时，只完成了不到1/4的工程。

高迪逝世后，随着西班牙内战的爆发，该工程便无人再去问津。直到1939年内战结束后，西班牙人才就神圣家族教堂是否续建的问题展开了一场大辩论。一派认为不应续建，应该让它完整地保留高迪的建筑风格，就像维纳斯的断臂不应续接一样。另一派则认为，教堂应该续建，后人应该完成高迪的未竟之作，因为高迪已确立了整个教堂建筑的设计模型。最后在投票表决中，主张续建的一派获胜。因此，神圣家族教堂得以续建。

神圣家族教堂历经一个多世纪尚未完工，其原因除建筑形状怪诞、难度极高外，资金匮乏也是一个因素。神圣家族教堂的建设资金主要来源于门票收入和企业及信徒的捐款。因其资金来源的不确定性，工程也不能得以连续进行。

在神圣家族教堂已建成的部分中，高迪在世时建造的诞生立面

可谓最具代表性的建筑物之一。整个门墙上凹凸不平，坑坑洼洼，分布着表现耶稣诞生的雕塑，建筑难度极高。受难立面为后人所建，尽管门墙上的雕塑功力不浅，但与诞生立面相比，无论从艺术上还是建筑技术上看，新建的部分都显得十分苍白，很难与诞生立面融为一体。所以有人苛刻地说，高迪之后的续建是狗尾续貂。当然，后人之作也不可完全否定，它毕竟将使神圣家族教堂最终得以完整地奉献给世人。如何完美地再现高迪的风格，也为当代建筑学家留下了一道难题。

高迪生前一直仰慕欧洲中世纪哥特式建筑的宏大风采，所以在这座教堂里也融贯进哥特式样，保留了哥特式的长窗和钟塔。但高迪并不因循守旧，而是灵活创新。他运用弧形来平衡、舒缓哥特式的严谨与刻板，钟塔的造型也是极富创造性的，类似于旋转的抛物线，这样的结构使钟塔看起来无限向上延伸，形成类似哥特式却更夺目的视觉效果。

● 神圣家族教堂近景

高迪还特别关注细部的处理，各种植物、动物的浮雕散布于建筑的每个角落，人物雕像掩映其间，处处都有神来之笔。

尖塔参差错落，直插云端，人们在巴塞罗那任何一个角落都可以看见它们，如童话中的城堡一般。塔身表面凹凸不平，就像是被穿了数百个孔眼的巨大蚁丘，十分奇特。塔顶形状错综复杂，每个塔尖上都有一个围着球形花冠的十字架，由色彩缤纷的碎瓷砖拼成，十分明丽。搭乘电梯可登临塔的 60 米处，然后再爬楼梯至 90 米处观望台。从这里可以鸟瞰巴塞罗那。这里的台阶呈螺旋状上升，而且空间极其狭窄，只容一人通过，两边甚至没有扶手。身在众高塔环绕中，这些塔好似相邻的树干般伸手可及。高迪一直崇尚自然，故建筑物上常常带有动物或植物的形状。教堂的高大内柱有的被设计成竹节状，节节向上，顶部也呈竹叶状，竹竿上还趴着蜥蜴等动物。所以，在教堂中，人们有时会有踏入原始森林之感。

教堂的外墙上雕刻着许多浮雕，讲述的都是关于耶稣诞生、受难及升天的故事。诞生立面由高迪本人设计完成。在高耸的墙面上，布满了雕像，包括耶稣诞生、三博士朝圣、天使报佳音等题材，都采用写实的手法，人物表情、动作刻画得生动细腻，栩栩如生。每块石头上的雕刻都是高迪的心血。如果仔细观看，就可见那些神态安详的人物被环绕于蜥蜴、蛇之类的动物之中。

受难立面使用的是典型抽象派手法，这是后人在高迪去世后续建的。

进入教堂的内部，里面的柱子、窗户等都充满了隐喻和象征意

● 神圣家族教堂雕像

义。教堂里装饰着各式动物、植物，与宗教性的雕塑结合在一起，呈现出欢快而神秘的氛围。

这座教堂怪异神奇，甚至带有一些魔幻的成分，如那凹形的门洞、蚂蚁蛀空般的塔身及其他间隙的设计，犹如魔鬼张开了带有獠牙的大嘴，教堂闪烁的圆玻璃窗，也似乎像鬼怪的眼睛，有一种离奇古怪的诡谲之感，让人心惊胆战。走进教堂大门，仿佛走进了童话王国里的魔宫，绝对是令人难以忘怀的特殊体验。

这座造型奇特的建筑物看上去像是用松软的黏土手工制作的，但实际上，它是用大量的石头建造而成。高迪如一个浪漫主义的艺术狂想家，用奇特怪异的建筑为巴塞罗那抹上了神秘奇异的色彩。

有人说，看过这个教堂，等于欣赏到了欧洲所有风格的教堂，因为它既有哥特式的宏大壮美又有伊斯兰的特色，是博采众长的经典之作。只有身临其境，才能真正感受高迪建筑的动人心魄之处。在他那仿佛浓缩了无穷想象力的作品面前，任何评价都变得苍白。

天才的惊世奇想——朗香教堂

■ 法国东部山区有一个叫"朗香"的小山村，柯布西耶在那里的一座小山顶上建造了一座小小的教堂。比起巴黎圣母院、科隆大教堂，它实在太小了，连坐带站只能容纳 200 余人。但是它很奇特，仿佛是从天上掉下来的一样，无根无源，堪称天才的创造。

它的设计者柯布西耶被人誉为"现代建筑的先驱"。在柯布西耶设计的许许多多建筑中，朗香教堂夺目耀眼，因为它证实了这位建筑师的天才！

天才果真是从天上掉下来的吗？朗香教堂果真是无根无源吗？这位天才建筑设计师告诉人们：天才是"长久辛勤的探索"。

1911 年，柯布西耶在罗马附近的梯沃里考察亚德里亚娜别墅的神龛，他发现它的光线柔和奇特，当即把感受和速写作品都留在日记本上。1931 年，他去了北非穆扎布沙漠，特别注意那里的建筑的形态，而且十分赞赏那厚厚的墙身和稀疏的采光洞口。后来，他把它们应用在朗香教堂的南墙上，还采用了穆扎布建筑的白粉墙，用简单朴实来突出建筑的特征。白粉墙与黑屋顶形成强烈的对比，简明率直。1947 年，柯布西

● 朗香教堂外景

耶在纽约长岛的沙滩上捡到了一个螃蟹壳，他对这个薄薄的壳盖竟能承受一个人全身的重量感到惊奇，由此便构思出朗香教堂屋顶的形式。他又进一步精心推敲，结合飞机机翼的构造方法，改造变换，设计出教堂的屋顶。这一切都来源于柯布西耶的记忆储存。

1950 年的一天，柯布西耶站在布尔垒蒙山上。那天风和日丽，碧空如洗，山下的平原芳草如茵。柯布西耶迎着微风，感受着大自然的亲切。在壮丽的风景感染下，他勾画出了教堂的设计图。一个看似庞大的奇特屋顶覆盖着整个建筑。

在朗香教堂的设计中，柯布西耶把重点放在建筑造型以及建筑形体给人的感受上。他摒弃了传统教堂的模式和现代建筑的一般手法，把它当作一件混凝土雕塑作品加以塑造。

教堂造型奇异：墙体几乎全是弯曲的，有的还倾斜着；塔楼式祈祷室的外形像座粮仓；沉重的屋顶向上翻卷着，它与墙体之间留有一条40厘米高的带形空隙；粗糙的白色墙面上开着大大小小的矩形窗洞，上面嵌着彩色玻璃；入口在卷曲的墙面与塔楼交接的夹缝处；室内主要空间也不规则，墙面呈弧形，光线透过屋顶与墙面之间的缝隙和镶着彩色玻璃的大大小小的窗洞投射下来，使室内产生了一种特殊的气氛。

　　柯布西耶生前曾说了不少，也写了不少关于朗香教堂的事情，那些都是很重要的材料，可是还不够。有时候创作者本人也不一定能把自己的创作过程讲得十分清楚。

　　朗香教堂建成后的一天，柯布西耶又去那里，他很感慨地问自己："可是，我是从哪儿想出这一切来的呢？"柯布西耶大概不是故弄玄虚，也不是卖关子。艺术创作至今仍是难以说清的问题，需要作者深入细致的科学研究。柯布西耶死后，留下大量的笔记本、速写本、草图、随意勾画的纸片，以及他平素收集的剪报、来往信函等。这些东西由几个学术机构保管起来，以柯布西耶基金会收藏最为集中。一些学者在那些地方进行多年的整理、发掘和细致的研究，陆续形成了很有价值的报告。一些曾经为柯布西耶工作的人也写了不少回忆文章。各种材料加在一起，使我们今天对于朗香教堂的构思过程有了稍微清楚一点的了解。

　　柯布西耶对于自己的一般创作方法有下面一段叙述："一项任务定下来，我的习惯是把它存在脑子里，几个月一笔也不画。人的大脑有独立性，那是一个匣子，尽可往里面大量存入同问题有关的资料信息，让其在里面游动、煨煮、发酵。然后，到某一天，喀哒一下，内在的自然创造过程完成。你抓过一支铅笔、一根炭条、一些色笔，在纸上画来画去，想法出来了。"这段话讲的是动笔之前，要进行许多准备工作，要在脑子中酝酿。

　　在动笔设计朗香教堂之前，柯布西耶同教会人员谈过话，深入了解天主教的仪式和活动，了解信徒到该地朝山进香的历史传统，探讨关于宗教艺术的方方面面。柯布西耶专门找来介绍朗香这个地方的书籍，仔细阅读，并且做了笔记。大量的信息由此输进他的脑海。

　　过了一段时间，柯布西耶第一次去布尔垒蒙山现场，他已经形成某种想法了。柯布西耶说他要把朗香教堂搞成一个"视觉领域的听觉器件，它应该像人的听觉器官一样柔软、微妙、精确和不容改变"。第一次到现场时，柯布西耶在山头上画了些极简单的草图，记下了他对那个地方的认识。

后来，他解释说："在小山头上，我仔细画出四个方向的天际线……用建筑激发音响效果——形式领域的声学。"把教堂建筑视作声学器件，使之与所在场地沟通。进一步说，信徒来教堂是为了与上帝沟通，声学器件也象征人与上帝声息相通的渠道。这可以说是柯布西耶设计朗香教堂的建筑立意，一个别开生面的巧妙的立意。

1953 年，朗香教堂落成了。从山下遥望，这座教堂形如迎风的满帆，隐喻信徒们将在这里到达一个精神上的避风港。朗香教堂惊动了全世界，世界建筑史用浓重的笔墨记下了这座建筑。无数人前去瞻仰它，不仅仅因为它是一座教堂，还因为它是一座艺术圣殿、一座人类智慧的圣殿。它在大地上的孤独象征着它在历史上的孤独。它卷曲的屋顶舐着苍天，它坚实的基础扎进大地，柯布西耶用这座圣殿把天、地、人联系在一起，也把天才、勤奋、探索联系在一起。朗香教堂对现代建筑的发展产生了重要影响，被誉为 20 世纪最为震撼、最具有表现力的建筑。

寺院塔楼

指引航向的亚历山大灯塔

● 亚历山大灯塔

举世公认的古代世界七大奇观有两个在埃及，一个是金字塔，另一个就是亚历山大灯塔。亚历山大灯塔不带有任何宗教色彩，纯粹为满足人们的实际生活需要而建。

关于这个灯塔的修建，有这样一个传说：公元前 280 年秋天的一个夜晚，月黑风高，一艘埃及的皇家喜船，在驶入亚历山大港时，由于辨不清航向，误入礁区，触礁沉没了。船上的皇亲国戚及从欧洲娶来的新娘，全部葬身鱼腹。这一悲剧，震惊了埃及朝野上下。埃及法老托勒密二世下令在法罗斯岛的东端，亚历山大最大港口的入口处，修建导航灯塔。

以上只是一个传说，真实性不得而知。不过可以肯定的是，亚历山大灯塔的出现同当时亚历山大城繁盛的经济活动有关。海上贸易频繁，各国商船云集大港，迫切需要有一座灯塔来指引船只夜间进出。

负责灯塔设计和修建工作的是希腊建筑师索斯查图斯。在他的带领下，无数人通过艰辛的努力，终于在40年后建成一座雄伟壮观的灯塔。灯塔立于距岛岸7米处的石礁上，人们将它称为"亚历山大灯塔"。

亚历山大灯塔通高约135米，塔楼由3层组成：第一层是方形结构，高60米，里面有许多个大小不等的房间，用来作燃料库、机房和工作人员的寝室。第二层是八角形结构，高30米。第一层与第二层相接的平台四端，分别安放着海神波塞冬的儿子吹海螺号角的青铜铸像，该装置是用来测量风向的。第三层塔身最细，呈圆柱形，高15米。三层塔身之上是一圆形塔顶，其中一个巨大的火炬不分昼夜地冒着火焰，这就是导航室，又叫"灯楼"。在灯楼上还矗立着一座8米高的站立姿态的太阳神青铜雕像。

整座灯塔是用花岗岩和铜等材料建成，灯塔内部是螺旋状阶梯。灯楼内装有巧妙的铜镜，可以从塔顶观察海面动静。白天铜镜将阳光聚集折射到远处，引起航船的注意；夜幕降临后，由凹面金属镜反射出来火炬耀眼的火光，据说能照射到56千米外的海道。

700年，亚历山大城发生地震，灯楼和波塞冬立像被毁。关于此事，也有一个传说：东罗马帝国的一位皇帝企图攻打亚历山大城，但害怕其船队被灯塔照见，于是皇帝派人向倭马亚王朝的哈里发进言，谎称塔底藏有亚历山大大帝的遗物和珍宝。哈里发中计，于是下令拆塔，但在百姓的强烈反对下，拆到灯楼时便停止了。880年，灯塔得以修复。1100年，灯塔遭到强烈地震的袭击，仅残存下面一部分，灯塔因此失去了导航的作用，成了一座瞭望台，后来在台上修建了一座清真寺。1301年和1435年，亚历山大灯塔又遭两次地震，塔全毁，成为除金字塔外，古代世界七大奇观中最后一个被毁的奇观。

日本的国宝——法隆寺

■ 日本的法隆寺是世界上现存最古老的木结构建筑群之一，也是日本第一个被列为世界遗产的寺庙。它巍然挺立千余年，是日本著名的飞鸟文化的杰出代表。

法隆寺位于日本奈良县的斑鸠町，又名"斑鸠寺"。据说是7世纪初圣德太子为了祈愿神明治愈其父皇的病而建的。圣德太子是日本历史上有名的君王。在他的领导下，日本的政治、经济和文化都得到了很大发展。他信奉佛法，把佛教定为国教，亲自在宫中讲解佛经，撰写经文，想树立一个全国共同信奉的宗教来削弱世袭贵族的势力，巩固皇权。在他的倡导下，日本很快就出现了弘扬佛法、竞造佛寺的局面，并兴起对后世有着重大影响的飞鸟文化。所谓"飞鸟文化"，是指7世纪前后在日本兴盛的以佛教为主体的艺术派别。从6世纪中叶佛教传入开始，以7世纪前半期圣德太子时代为中心，至大化革新止，有近100年的时间。因集中于飞鸟一带，史家通称为"飞鸟艺术"。飞鸟是7世纪日本的政教中枢，既是朝廷政厅所在，又是率先信奉佛教的圣地。飞鸟文化是日本较早的佛教文化，综合了中国南北朝的时代风格，是日本建筑真正成体系发展的开始，而法隆寺是飞鸟时代艺术成就的杰出代表。

670年，法隆寺曾惨遭重大火灾，寺院塔堂悉数烧毁。现在巍然

● 法隆寺

挺立千年的法隆寺是在 7 世纪末至 8 世纪完全依照原样仿建的，其技术成分和样式特征都表现出当年的古朴风格，鲜明地展现了当初飞鸟式样的特征。圣德太子建造的原址现存的只有一小部分，叫作"若草伽蓝址"。这些建筑以凸肚状柱子、云形的斗拱等为特点，采用中国六朝建筑式样。

1949 年 1 月 26 日上午 7 时，法隆寺又发生火灾，西院的金堂大殿被毁。殿内的 12 幅壁画大部分被焚，这些均是日本的国宝。火灾起因是工作人员在对殿堂进行检修时，荧光灯温度太高，烤着了佛堂内的可燃物。

法隆寺坐北朝南，分东西两院，西院有南大门、中门、回廊、金堂、五重塔、三经院、大讲堂、钟楼等建筑，东院有梦殿、中宫寺等寺殿，共有 40 多座古建筑，其布局和结构深受中国南北朝时代建筑的影响。寺院入口的木柱上标注着兴建年份为 670 年，这是法隆寺遭逢大火后重建的日子。建于 607 年的柱子，已在火灾中被毁。法隆寺内有 17 栋建筑被列为日本国宝级建筑，26 栋被列为重要文化遗产。除了这些历史建筑珍品，法隆寺还收藏了大批的珍贵文物，其中被定为国宝和重要文化遗产的就有 190 种。2 米多高的苗条的百济观音像、玉虫厨子等许多飞鸟时代的佛教艺术作品，都精美绝伦，价值连城。集工艺之精华的玉虫厨子，上面有透雕的金银花蔓草纹，这种花纹的源流可追溯到波斯、希腊、东罗马等地，表现了西域文化对日本的影响。皇后的玉虫祭坛，最初是用上百万只闪光的甲虫翅膀镶嵌而成的，极为细致精巧。西区大殿中的青铜佛像，表情平静如水，佛祖闭目养神，流露出幸福之意。它和在丝绸之路上发现的佛教艺术风格极为相似。寺内还珍藏有《百万塔陀罗尼经》，被确认为世界上最古老的印刷品之一。

法隆寺建筑主体采用木结构，殿顶架起云形半拱，脊瓦覆盖之下是排排片瓦，屋脊两端装饰有鸱尾。此外，由于间接受到印度伽蓝（梵语中"寺院"的意思）的影响，寺院采用了完整的七堂形式，由门楼、寺塔、金堂、讲堂、钟楼、藏经楼以及回廊和僧房组成。根据迄今保存的寺院建筑和寺院图样来看，法隆寺属于将金堂与寺塔置于东西两侧，以回廊环绕大殿的类型。建筑群体浑然一体，不仅注重整体效果，还考虑到与环境的自然联系，和谐平衡而又洒脱大方。屋顶较为平缓的坡度、较长的飞檐都体现出水平方向的力度，给人以稳定的感觉。寺院使用大量的木材作为建筑材料，既是就地取材的结果，也是满足抗震的需要。

历经千年风吹雨打的法隆寺，建筑结构对称和谐，橙色的栋柱以及白墙绿窗灿烂辉煌，绚丽夺目。一登山门，人们就会被其气氛深深感染。

法隆寺内建于670年的五重塔是日本最古老的佛塔，它是一座重檐四角攒尖顶的木结构建筑，表现出强烈的中

● 法隆寺内的五重塔

国唐朝建筑的遗风。佛塔共分为5层，总高为32.45米。佛塔中心有一根中心柱，由下至上，直贯塔顶，支撑着塔的重量。佛塔各层空间都不是很大，层高也较低，底层的柱高仅有3米多，二层柱高只有1.4米，而且随着佛塔的升高每层依次缩小，屋顶的大小正好是底层的一半。和层高相比，佛塔的出檐很大，底层出檐竟达4.2米。这样整座塔层檐重叠，显得非常轻盈俊美、灵动飘逸，就像一

只雄鹰，横渡大海，从中国飞来。

法隆寺中最著名的就是金堂。建于 620 年的金堂也称"主殿"，是法隆寺的本尊圣殿，里面安放着为供奉 622 年去世的圣德太子而建造的释迦牟尼三尊像，中尊高 86.4 厘米，左胁侍高 92 厘米，右胁侍高 93.9 厘米。整个佛像呈三角形结构，十分稳定和谐，具体的雕刻更是美轮美奂、栩栩如生，表现出卓越的技法。释迦三尊身上披着的袍服飘逸潇洒，佛像面容庄重仁慈、温和文雅，露出温暖和煦的"古典式微笑"。

金堂外部有两层屋顶，看起来好似两层建筑，但实际上室内只是一层。这样的设计使金堂显得高大气派、巧丽精致。金堂内壁都饰有壁画，从构图和技巧来说，这些壁画都是超群绝伦的艺术珍品，代表着当时最高的艺术水平。

法隆寺内还有一处日本最古老的八角形建筑，这就是建于 739 年的梦殿。传说圣德太子有一晚梦见了释迦牟尼的使者，因而建造了此殿，取名为"梦殿"。这是日本最古老的八角圆堂，设计得协调、优雅，给人一种神秘的感觉。殿中央是用花岗岩建筑的八角形佛坛，屋顶上镶嵌有漂亮华贵的宝珠。在这座高雅的八角形建筑中，有一座"隐身雕像"，这是圣德太子的立像，几个世纪以来，一直保存在这个寺庙中，和百济

● 法隆寺内的塑像

观音一样为人们所供奉。

中宫寺是紧挨着梦殿的一个小尼寺，环境简单朴素，寺内的如意轮观音像一腿跷在另一腿上，一手抬至腮边，显出若有所思的神情，被认为是奈良雕刻的登峰之作。在金堂和五重塔后面是大讲堂，这里是寺僧学习佛法和做佛事的地方。

法隆寺是世界上最古老的木结构建筑之一，也是日本国宝级建筑。它俊逸优雅，散发出浓郁的人文气息，是最能代表日本飞鸟美学艺术的极品。

"飞阁丹崖上"的悬空寺

北岳恒山是我国的道教圣地，早在西汉，这里就有宗教建筑。之后，历代都兴建有宗教建筑，到明、清时期，已经形成规模宏大的宗教建筑群。其中，最著名的是悬空寺。

悬空寺位于山西省浑源县城南，这里有左右对峙的两座恒山主峰，东面叫天峰岭，西面叫翠屏峰，两峰之间是一条叫"金龙峡"的山谷，悬空寺就建在西峭壁上。该寺始建于北魏后期，距今1500多年。金、明、清三代曾加以重修。悬空寺现有大小殿宇40间，都是先在山崖上插桩为基，然后再建造的。

悬空寺就像是镶嵌在崖壁上一样，上载危岩，下临深谷，远远望去，宛如琼楼玉宇从天而降，十分险峻壮观；近看又似精细入微的剪纸画屏，高悬在恒山的峭壁上。其中有两座三层的楼阁式建筑，两者以回廊栈道相连，栈道中间又起楼阁一座，更使人有危如累卵的感觉。当地流传着"金龙峡，岩似削，悬空寺，马尾吊"和"悬空寺，半天高，三根马尾空中吊"的说法。曾有古诗写道："飞阁丹崖上，白云几度封。"还有古诗写道："蜃楼疑海上，鸟道没云中。"这些诗句，生动地描绘了悬空寺惊险神奇、动人心魄的景象。

悬空寺是怎样"悬挂"在陡崖峭壁上的呢？我们以"悬挂"在全寺北边的三层楼阁为例，它的荷载分别由每层插入崖壁的木梁承担，而木梁与层间立柱、斜撑形成一个整体，使建筑结构具有极为良好的稳定性。这些建筑经历了多年风雨的侵袭以及多次地震，始终完好无缺，成为古代匠师们运用力学原理解决复杂结构问题的一个典型范例。

关于悬空寺的修建情况，寺内石碑上曾有记载：一次重修悬空寺时，很多工匠对它的施工难度望而却步，后来一位张姓工匠毅然率众承揽这个工程。他们在山下加工好所有构件，并绕行几十里运至寺顶山头，然后用绳索连人带料吊下半崖，一锤一斧，经历几载才重修完工。

山丘上的佛塔——婆罗浮屠

■ 婆罗浮屠是位于印度尼西亚爪哇岛日惹市西北的佛教艺术古建筑，也是9世纪最大型的佛教建筑物之一。从上往下看，它就像一座曼陀罗。

8~9世纪，当时爪哇岛的夏连特拉王朝统治者开始兴建婆罗浮屠。"婆罗浮屠"这个名字的意思是"山丘上的佛塔"。后来，因为火山爆发、地震等多种因素，这个佛塔群隐于茂密的热带丛林中近千年，直到19世纪初才被发掘出来。

婆罗浮屠是由上百万块石块砌成的，整个建筑内部是实心的，没有梁柱和门窗。由于风雨侵蚀、地质变化等，婆罗浮屠从底层至塔尖的高度已由原来的42米下降了数米。整个建筑动用了几十万名石材切割工、搬运工以及木工。

婆罗浮屠塔基底层为正方形，边长大约120米，每边没有严格保持直线走向，而是分5段，边缘都向外突出。这样也许是试图用建筑风格来打破香客绕行时所产生的单调感。塔身由下而上逐层缩小，在靠近边缘的地方形成过道。每边中央有石级直通塔顶。5层方台之上有3层圆台，

● 婆罗浮屠远景

层层收缩，直径分别为51米、38米和26米。每层圆台都有1圈钟形佛塔环绕，共计72座。

圆台中心矗立着主要的大佛塔，高约7米，直径10米左右，里面坐着一尊佛像。3层圆台的72座空心小佛塔壁上有方孔，人们可以看到里面有和真人大小相近的趺坐佛像，按东、西、南、北、中几个方位分别做5种不同的手势。因为是镂空的，这72座小佛塔被称为"爪哇佛篓"。

在5层方形的塔层侧壁上，沿过道筑有432个佛龛。每个龛内都有1尊佛像，坐于莲花座上。在塔层的侧壁和栏杆处，还有2000多幅浮雕，其中1400多幅是关于佛的故事，另外1000多幅中，一部分是关于现实生活的各种场景，如捕鱼、种田、打猎、嬉戏等，还有一部分则是关于山川风光、花鸟虫鱼、飞禽走兽、瓜果蔬菜等。

浮雕总体来说宣扬的是因果循环、善恶报应的思想。雕刻风格受印度笈多王朝（约建于320年）佛教雕刻的影响。在婆罗浮屠被湮没以前，有些雕刻工作才刚刚完成，有一块浮雕上面还刻着工匠的铭文，人们甚至可以感知到建造者雕刻时的潦草和漫不经心。

到这里参观的游客络绎不绝。登临这座建筑，按顺时针的方向沿台基而上，到顶部需要走几千米的路程。

首先到达的是塔底，它的四周有一堵巨大的防护墙，也许是在建造佛塔时用来支撑佛塔的。防护墙掩盖了真

● 婆罗浮屠的佛像

正的基石，上面饰有 160 幅浮雕。这些浮雕描述了人类无法摆脱的欲界。

从第一层平台开始有走廊。走廊必须按顺时针上行，这是为了尊重宗教仪式上的绕行。走廊的墙上有 1300 幅浅浮雕，全长 2500 米，描述的是色界。在这一阶段，人虽已摒弃了各种欲望，但仍然有名有形。

当走完 5 层代表色界的方形塔身后，一直被栏杆阻挡的视野在这里突然开阔了，人们便进入无色界。此时，人们会有一种超凡脱俗、四大皆空的感觉。从大地到天空，从有形到无形，这种过渡自然而平和。

到达顶部时，突然让人有一种被佛光普照的感觉。人们从"欲望天"一直到达"有形天"时，仿佛从平常的世俗社会上升到涅槃的境界，使灵魂得以升华。

婆罗浮屠声名远扬，不仅因为它的规模宏大，而且因为它的寓意相当丰富。它的每一层四周都有一条通道，由许多经过雕刻的石板建成，还有 400 多尊宣讲佛教教义的佛像。婆罗浮屠顶部有一座宝塔，代表最后进入涅槃境界。对于佛教信徒而言，婆罗浮屠是佛

和人类互相联系的建筑。

佛塔主要由塔底、建在塔底上的 5 层方台以及上部的 3 层圆台组成。其中塔底代表欲界，方台代表色界，圆台和大窣堵坡代表无色界。这一分层式的建筑形式本身就象征着通过修行终成正果的全过程。事实上，婆罗浮屠显示着一条通往智慧的道路，它代表着佛教的宇宙观念。还有一种说法是，塔底加上 5 层方台、3 层圆台和大窣堵坡共 10 层。人们相信，这个数字代表着 10 个境界，即积德行善最后修成正果的 10 个阶段。

塔底、方台和圆台 3 个部分可能具有双重意义：一是象征 3 个世界——地域、人间和天堂；二是一座真正的曼陀罗，象征大地的方形结构与天空的圆形结构的结合。非常巧妙的是，从各个方向都能到这座建筑的顶端。这种结构的确可以使膜拜者认识到：在漫漫人生旅途中，他们能够受到指引，并最终获得正觉和拯救。

婆罗浮屠的名字是和神秘的夏连特拉王朝联系在一起的。夏连特拉王朝在 8 ~ 9 世纪统治着爪哇中部。关于夏连特拉王朝和当时的人民，人们了解甚少。他们大概是从爪哇的农业和以村落为基础的文化中兴起，而且当时已经

● 婆罗浮屠近景

继承了从印度传播而来的印度教和佛教。不管他们的起源如何，他们的势力在当时一定相当强大，因为夏连特拉王朝控制着爪哇的中部，并将信奉印度教的赞耶王朝驱逐到爪哇岛以东地区，而且最终取代了吴哥"山岳之帝"的位置。

夏连特拉王朝在当时的印度尼西亚中部兴建了许多佛塔，其中最有名的就要数日惹近郊的这座"婆罗浮屠"了。在婆罗浮屠建成1个世纪以后，夏连特拉王朝的势力开始衰弱，而被驱逐到爪哇东部的赞耶王朝仍然保持着强大的势力。根据铭文和传说记载，850年前后，雄心勃勃的夏连特拉王子巴拉普特拉想成为爪哇的最高统治者，他和赞耶国王展开了旷日持久的消耗战，最终夏连特拉王朝战败并逃往邻近的苏门答腊岛，赞耶王朝在100多年后统治了爪哇。从此，岛上再也没有兴建其他的佛教建筑。随着当地人主流信仰的改变和佛教的衰落，佛教建筑逐渐被废弃，野草蔓生。

1814年，在沉寂近千年之后，婆罗浮屠才被人们发现。1973年，联合国教科文组织资助全面修葺，1983年竣工。经过精心修葺后，婆罗浮屠才重新放出瑰丽的佛教艺术的光辉。

最高大、最古老的木塔

■ 山西应县佛宫寺释迦塔（又称"应县木塔"）是世界上现存最高大、最古老的木结构楼阁式塔。

木塔是我国最早兴起的塔式。据古籍记载，木构的楼阁式塔起源于东汉，盛于南北朝，至隋唐渐为砖塔取而代之。

应县位于山西大同以南，释迦塔位于该城西北部的佛宫寺山门之内。据载，该塔建于辽清宁二年，即1056年。当时，辽王朝大兴土木，兴建佛塔和寺庙。

释迦塔平面为八角形，高9层，五明四暗，底层为重檐，故外表为五层六檐。塔基分为上、下两层，下层方形，上层依塔而做八角形。塔身逐层立柱，用梁、枋和斗拱向上垒架。塔身木构架的柱网采取内外两环柱的布局，5个明层的内环柱以内设内槽供奉佛像，外槽则为走廊。各层装有木质楼梯，可直达顶层。每两个明层间均有平座暗层。各层柱子连接，每层外柱与其下平座层柱位于同一条线上，但比下层外柱向塔心收进半柱径，从而构成塔身极为优美的曲线。释迦塔地面至刹顶高67.31米，刚好等于中间层（第三层）外围柱内接圆的周长。底层直径达30.27米，制作细致的攒心塔顶高14米，配以造型优美而富有向上感的铁梯，使得该塔呈现出雄壮华美的形象。

● 释迦塔

塔内原有众多塑像，后来很多都被毁坏，但底层保存有11米高的释迦牟尼坐像，具有辽代风格。塔的2层以上设平座栏杆，可供游人逐级攀登远眺。木塔各层外侧还悬有大量匾额和楹联，其数量之多，其他古建筑很难与之相比。

该塔的构架原则比前代有很大进步，塔的稳定性、刚性及整体性较好，故建塔迄今900余年，虽经风雨侵蚀，地震摇撼而仍屹立不倒，称得上是建筑史上的奇迹。

闻名世界的比萨斜塔

■ 比萨斜塔是世界著名的建筑奇观和旅游胜地。它巍然耸立在意大利的比萨城，历经几百年的风雨洗礼，演绎了无数的沧桑故事。比萨斜塔是比萨教堂建筑群中的钟塔，位于比萨大教堂的东南侧，是建筑群中最著名的建筑。在大教堂的同一轴线上还矗立着圆形的洗礼堂。这3座形体各异的建筑外墙均为白色大理石，空券廊装饰，风格统一和谐，构成了一个建筑整体。在周围碧绿的草地映衬下，它们既没有宗教的神秘气氛，也没有威严的震慑力量，反而显得亲切生动、优雅秀丽。

11世纪时，比萨是海上强国。为了纪念1062年打败阿拉伯人，当时的君王决定兴建一个包括有主教堂、钟塔和洗礼堂在内的宏大建筑群，而比萨斜塔就是其中的钟楼。原本在整个中世纪，意大利人的习惯是把教堂、钟塔和洗礼堂建成独立的建筑物。

比萨斜塔在建造之初，塔体还是笔直向上的。但当第三层完工后，建造者突然觉察到建筑物的垂直度在偏移。于是，工匠们赶紧进行补救。在随后的工程里，他们在塔身的南侧垒砌较高的石块，而在北侧用稍矮的石块，想以此来矫正。但这样只是使塔身变得弯曲，并没有改变它的倾斜情况。到后来，地基下松软的土层由于受到塔重

● 比萨斜塔近景

的挤压开始渗出水来，工程无法再继续下去了，只好停止，这一停就接近100年。

13世纪，世人又将目光集中到这被废弃多时的工程上。当时著名的建筑师对比萨斜塔进行了精心的测定，认为斜度并不影响整个

塔身的建造，完全可以继续进行。于是，比萨斜塔开始了它的二期工程。这回，为了防止塔身再度倾斜，工程师们采取了一系列的补救措施，如采用不同长度的横梁和增加塔身倾斜相反方向的重量等来转移塔的重心。可比萨斜塔建到第七层时，塔顶中心点已经偏离塔体中心垂直线 2 米左右，建筑人员不敢再冒险继续了。一直等到1350 年，有关人员决定给这个 7 层的塔身加 1 层钟楼封顶，以使工程正式竣工。然而正是这层钟楼给整个建筑物带来了致命的打击。因为如果没有这层钟楼的重量，比萨斜塔有可能永远稳定在原来1.5 度的倾斜角上，而不是现在的 5.5 度。

到了 1838 年，比萨斜塔由于持续的倾斜，底层支柱雕饰华丽的根部已经隐入地下。一个名叫克拉德斯卡的建筑师为了让埋入土中的柱子重见天日，竟愚蠢地挖动基座边的土。结果发生了更大的不幸：短短几天内，塔身又倾斜了 0.75 度，塔顶向南倾斜了 0.6米。比萨斜塔更加倾斜了。

为了保护好这座纪念碑一样的斜塔，使它免遭坍塌的厄运，从19 世纪开始，人们就对其采取了各种措施。20 世纪 30 年代，有关部门在塔基周围施行灌浆法加以保护。工程师们在地基上钻了好几百个洞眼，往里灌注了 80 多吨水泥浆，但这并未能解决问题，反而使塔身进一步倾斜。在 1965 年和 1973 年，意大利政府曾两次出高价向各界征求合理的建设性意见，并从 1973 年起禁止人们在以斜塔为中心，半径 1.5 千米的范围内抽水。

为了避免斜塔进一步倾斜，从 1990 年开始，意大利暂时关闭了比萨斜塔，开展了修复工程。科学家们运用了 120 多种仪器来监测比萨斜塔的每一细微反应，工作人员使用直径 20 厘米的标准螺旋在塔的地基上挖掘钻孔，精心测量挖出的土方。科学家们得出结论，认为地下水位的季节性涨落是使倾斜永远存在的动因。工程师们推测，一旦塔身得以加固，在地下安置一个巨大的横断层，以控制地下水的流动，就会防止塔身再度移动。但比萨斜塔重修工程充满了挑战性，也引起许多争议，因为任何一项干预性措施都是冒险性的，谁也不能保证万无一失，而且也没法应付所有的自然力量。地震和恶劣的天气会给塔基带来灾难性的影响。有一年冬天，因为气温急剧下降，仅在一天之内比萨斜塔就向南倾斜了1毫米多。1980年的一次地震又使比萨斜塔遭受到了强大的冲击，整个塔身大幅度摇晃达22分钟之久，虽然没倒，却岌岌可危。

但挖土拯救实验的早期成果是令人满意的，4个月的挖土工作使塔身校正了3.3厘米。工程的最终目标是减少10%的倾斜度，也就是0.5度。科学家认为，如果能够取得预期的成果，就有可能将塔调整回3个世纪前的状态，这就为后人争取到了更多的时间以采用更先进的科技，使比萨斜塔不致倒下。

经过专家们及社会各界的共同努力，2001年比萨斜塔又对外开放了，人们又可以欣赏这建筑史上的奇迹了。

比萨斜塔平面为圆形，直径约16米。塔身一共有8层，通体用

● 比萨斜塔及旁边的雕塑

白色大理石砌成，塔体总重量达1.42万吨。塔高约55米，从下至上，共有213个由圆柱构成的拱形券门。塔身墙壁底部厚约4米，顶部厚约2米。比萨斜塔的最下层是实墙，底层有圆柱15根，刻绘着精美的浮雕。中间6层分别有二三十根圆柱，用连续券做面罩式装饰。最上面一层的圆柱为12根，向内收缩。沿着塔内螺旋状的楼梯盘旋而上，经过令人眼花缭乱的拱形门，就可至塔顶，人们

可以在塔中任何一层的围廊上停留。由比萨斜塔向外眺望，比萨城秀丽明媚的风光尽收眼底。只见蓝天白云下，城中一片鲜红的屋顶，在绿树掩映中显得格外明快美丽。比萨大教堂的大钟也置于比萨斜塔顶层。比萨斜塔里面一共放置了7座大钟，最大的钟是1655年铸成的，重达3.5吨。

比萨斜塔造型轻盈秀巧，布局严谨合理，各部分比例协调，是罗马式建筑的典范。它如同一件精美的艺术品，立面呈现出丰富的明暗变化，富有韵律感，是意大利独一无二的圆塔。

比萨斜塔的倾斜问题一直是建筑史上的焦点。比萨大学的专家们从每年对斜塔的测量中获知，塔的倾斜率在逐年加大，如果不全力以赴地予以抢修，这座世界闻名的历史古迹很可能毁于一旦。

但幸运的是，该塔一直巍然屹立。这种"斜而不倒"的现象，堪称世界建筑史上的奇迹，使比萨斜塔名声大噪，吸引了世界各地的游客。游客们来到塔下，对它"斜而不倒"的塔身感到忧虑，同时为自己能亲眼目睹这一由缺陷造成的奇迹而庆幸万分。

比萨斜塔闻名于全世界，还有一个历史原因，即伟大的天文学家、物理学家伽利略的

● 比萨斜塔远景

实验。16世纪末，伽利略在比萨斜塔上做了一个著名的自由落体实验。伽利略在认真研究了亚里士多德的"物体落下的速度和它的质量成正比"的观点后产生了质疑。于是，他就带领自己的学生登上了比萨斜塔的顶层，让手中两个质量不等的铁球同时从塔顶垂直自

由落下，结果两个球同时着地。这一实验轰动了全世界，一举推翻了禁锢人们约 2000 年的"不同质量的物体，落地的速度也不同"的定律，引起了物理学界的一场革命。从此，比萨斜塔闻名全球，成为比萨城的象征。

比萨斜塔可以说是歪打正着，因失误而名扬天下，成为建筑史上的奇迹，留给后人一道美丽的景观。

世界第一斜塔——护珠塔

■　提起斜塔，人们自然会想起著名的意大利比萨斜塔，但是迄今世界上倾斜度最大的塔，却是我国上海的护珠塔。

● 上海的护珠塔

上海护珠塔位于上海市松江区的天马山中峰，始建于北宋神宗元丰二年（1079 年），南宋时期重修。塔为砖木结构，平面八角形，共 7 层，高 18.82 米，原来并不倾斜。清乾隆五十三年（1788 年），一场大火烧毁了塔心木、楼梯、腰檐、平座等。之后，有人为了在塔下寻宝，又在塔身底层的西北角挖了一个高 2.5 米、宽 2 米的空洞，使塔的重心发生偏移。另外，塔基地层岩石层和砂土层分布不均，东南面比西北面松软，经过长年的自然力作用，塔逐渐向东南倾斜，遂成为一座别致的斜塔。

为了保护这座古塔，修缮组于 1984 年开始进行维修，历时 3

年多才完工。据专家测定，修缮后的护珠塔可以抗御 10 级强风，经得住 6 级地震，可保证 50 ~ 100 年斜而不倒。

东方的奇迹——吴哥窟

■　柬埔寨是东南亚历史最悠久的国家之一，建国于 1 世纪下半叶，历经扶南、真腊、吴哥等时期，明万历年间始称"柬埔寨"。9 ~ 14 世纪的吴哥王朝是柬埔寨最强盛的时期，其疆域覆盖了东南亚大部分地区，并创造了举世闻名的吴哥文明。

作为吴哥文明的典型代表，吴哥窟不仅是柬埔寨古代文明的珍贵遗产，也是世界级的历史文化瑰宝。它被列为"古代东方四大奇迹"之一。

吴哥窟又称"吴哥寺"，坐落在王城的南郊。吴哥窟主要由国王苏利耶跋摩二世（1113—1150 年在位）建造。吴哥窟既是宗教圣地，又是国王死后的陵寝。它是 12 世纪吴哥王朝极盛时期的经典之作。

1861 年，法国生物学家穆奥到柬埔寨采集动植物标本。他在好像从来没有人到过的热带丛林里跋涉，不经意间，透过茂

● 吴哥窟巨面像

密的古树枝叶见到了一幅绮丽的景象：5座高耸的石塔，像莲花在绽放。这是一座神奇的庙宇，宏大而壮丽。他写道："世界上再没有别的东西可以和它媲美了。"这就是吴哥窟的残迹，当时已经被遗忘在密林中400年。

吴哥窟呈长方形，围以两重石墙，周围有宽达190米的护城河。进入吴哥窟时，要走过一条横跨护城河的宽阔石桥，桥西两侧各蹲立着1头石雕巨狮，桥两侧的护栏上各雕刻有1个蛇形水神，7个蛇头呈扇形分布。经过艺术加工，连狰狞的毒蛇也变得优雅起来。在依靠河水涨落来保证农田灌溉的高棉，水神是十分重要的，而这座桥曾设置有机关来调节护城河水量。因此，在护栏上刻水神有独特的象征意义。

过了桥就是吴哥窟的正门。如果不是身临其境，很难想象它的宏大气势。这是一个由一块块巨石垒成的门廊，宽度达到250米，门廊正中有3个门洞，3个门洞上都有石塔，上面密密麻麻地刻着各种人物造型和动物形象，姿态各异、栩栩如生。门廊里陈列着佛教和印度教神的雕像，而廊壁、石柱、石梁上则布满了精美的浮雕。

穿过门廊，眼前豁然开朗，出现一个可以容纳数千人的大型广场，这是当年高棉帝国举行盛大典礼的地方。据13世纪末随元朝使团出使柬埔寨的周达观《真腊风土记》记载，每当国王举行盛典时，这里就有30万盏油灯

● 吴哥窟外景

同时点燃，寺庙内明如白昼，人头攒动。广场中间，一条长约500米的中央大道笔直地通往寺塔的内围墙，中央大道高出广场地面1米多，全部由巨大的石板铺成，其两旁是长长的七头蛇护栏，虽然不少蛇头已不翼而飞，但余下的蛇身曲线依然优美。大道两边各有一方水池，盛开的莲花点缀着圣塔的倒影。顺着大道，就可以一步步走向吴哥窟的主体——寺塔。

主殿建于3层台基之上，大约有20层楼高。台基上建有5座尖塔，中央主塔高出地面65.5米。吴哥窟布局宏伟，结构匀称，设计庄重，装饰精细，建筑全部用砂石砌成。吴哥窟的浮雕工艺精湛，富有写实性，内容多取材于古印度史诗、神话故事，以及对外战争、皇家出行和生产、烹饪等世俗情节。

在第二层平台的四角各有1座小宝塔，象征着神话中关于印度教和佛教教义中的宇宙中心和诸神之家。绕平台四周又是一个回廊，里面摆满了神像。在塔体的四面及石柱、门楼上，刻有许多仙女及莲花蓓蕾形装饰。这些仙女雕像头戴花冠，上身赤裸，只有一条腰带稍稍遮住下体。那婀娜多姿的形态，显出一种无拘无束、自然纯洁的美感。浮雕造型各异，有的拈花微笑，显得雍容华贵；有的翩翩起舞，姿态优美。

● 吴哥窟

从第二层平台到第三层平台仅有6级台阶，却有13米高，呈

70 度倾斜角，十分狭窄和陡峭。第三层平台中央耸立着主塔，与第二层平台的 4 座小宝塔组成闻名遐迩的吴哥窟五塔。柬埔寨王国的国旗上，就有这标志性的五塔。塔基稳重厚实，塔身飘逸空灵，自下而上越来越细，高耸的塔尖直刺苍穹。在这里凭栏远眺，整个吴哥窟尽收眼底。3 层平台错落有致，5 座宝塔遥相呼应；寺内芳草如茵，楼阁重叠；四周林木环绕，亭亭如盖。

吴哥窟除了规模宏大以外，还有一绝，就是它的浮雕。在主殿的底层平台周围，环绕着长达 800 米、高约 2 米的精美浮雕长廊。据说它是世界上最长的浮雕回廊，题材取自印度两大史诗——《罗摩衍那》《摩诃婆罗多》，还描绘了高棉民族与占婆人交战的场景。

专家们研究吴哥窟后惊奇地发现，其建筑并没有使用任何水泥或灰浆，而是由一块块平整的巨石整齐地排列或叠加在一起，有的巨石重达 8 吨，中间没有任何缝隙，刀片不入，完全依靠巨石的重量和平整程度来使它们紧密结合。这不仅需要高超的石刻和运输技术，还需要以丰富的数学和物理知识为基础的精确计算。不使用任何黏合剂而使吴哥窟的建筑坚固、稳定，这在建筑史上不能不说是一个奇迹。

通过对吴哥窟建筑结构的研究，人们还发现其内部设有合理、完备的排水系统。柬埔寨属热带气候区，雨季降水量较大，为了使大量降水能迅速排到护城河或寺内的蓄水池，建筑者在寺庙各部分都设立了纵横交错的排水管道。

● 吴哥窟奇观

更神奇的是，这套排水系统把雨水引至寺

内 4 个大蓄水池，供祭祀者在朝拜之前洁身之用，可谓一举两得。排水系统的设计，使吴哥窟的建筑结构更加合理、科学。

能够建成规模如此宏大的建筑群的吴哥王朝，在当时一定是一个有着相当雄厚的物质基础和高度发达的科学文化的大国。在地理位置上，它处于中国和印度的交通要冲，在中国、印度、东罗马 3 个文明古国的经济和文化交流方面起到了桥梁作用。国际上的交往和联系也就相应地促进了吴哥王朝的发展。当地的农作物可一年三熟，自古以来就有"富贵真腊"的美称。据一位瑞士历史学家估计：在吴哥 1000 平方千米的土地上，每年可收获约 15 万吨的大米，除供 80 万人食用一年外，还有剩余的大米销往外地。

吴哥文明的建筑之精美令人望之兴叹，然而却在 15 世纪上半叶突然人去城空。在此后的几个世纪里，吴哥地区又变成了树木和杂草丛生的林莽与荒原，只有一座曾经辉煌的寺院隐藏在其中。在 19 世纪生物学家穆奥发现这个遗迹以前，连柬埔寨当地的居民对此都一无所知。吴哥文明为何一下子就中断了，如今已成一个无法解开的谜团。

世界最高的多彩琉璃塔

■ 世界最高的多彩琉璃塔是山西广胜寺飞虹塔。

琉璃是我国传统的高级建筑装饰材料。隋唐以后，一些宝塔也饰以琉璃的外衣，艺术效果极佳。我国历史上最高的琉璃塔是南京大报恩寺琉璃宝塔，该塔是明成祖朱棣登基后为报答父母之恩而建造的。塔高 9 层，共 8 面，除塔顶有一"管心木"外，整个建筑结构上不施寸木。塔心有琉璃灯，顶上有铜盘、承露盘。该塔宏丽壮观，可惜在清咸丰年间被毁，甚为遗憾。

然而，说到世界最高的多彩琉璃塔，广胜寺飞虹塔当之无愧。

广胜寺位于山西洪洞县城东北17千米的霍山，分上、下二寺，飞虹塔为上寺之塔。该塔始建于东汉，多次重修，现塔为明正德十年（1515年）开始建筑，历时12年，于嘉靖六年（1527年）完工。天启二年（1662年）又在底层增建围廊。塔身高47.31米，共13层，为平面八角形。该塔底层为木回廊，其他均由青砖砌成。塔身以黄、蓝、绿、白、黑五彩琉璃装饰，1~3层尤为精致。13

● 飞虹塔

层均出檐，檐下有斗拱、倚柱等构件，并绘有佛像、菩萨、金刚、花卉、龙、鸟兽等图案，鲜艳美丽，其中人物像很是传神，且造型无一重复。白天晴日之下，黄、绿、蓝等各色琉璃装饰的塔身五彩缤纷。

飞虹塔的建筑水平和蕴含的历史文化令人惊叹，更为难得的是它保存得如此完整。2018年，世界纪录认证机构的认证官郑重地向全世界宣布："世界最高的多彩琉璃塔"——洪洞广胜寺飞虹塔认证成功。从此，飞虹塔成为新的世界之最。

现代巴黎的象征——埃菲尔铁塔

■ 举世闻名的埃菲尔铁塔是世界上第一座钢铁结构的高塔，它以昂扬挺拔的气势、空前的高度和全然不同于欧洲传统石头建筑的新颖形象横空出世，标志着建筑新美学的兴起，是世界建筑史上的一个创举。100 多年来，它已经成为法国的骄傲。

1884 年，法国政府为了纪念法国大革命 100 周年和迎接世界博览会在巴黎的举行，决定在巴黎市中心修建一座建筑物作为永久性纪念。经过反复评选，法国著名建筑设计工程师埃菲尔 300 米高的镂空铁塔方案胜出。这座铁塔历时两年多建成。

埃菲尔铁塔的修建在当时曾引起轩然大波，反对、指责之声铺天盖地。有人说它过于高高在上，像是凌驾于整个巴黎的牧人；有人说它外形粗鄙尖锐，像是刺向

● 埃菲尔铁塔远景

蓝天的利剑；还有人干脆直呼它空心蜡烛台。不少贵族名流，包括莫泊桑、小仲马等，联名发表请愿书，反对修建这个"怪物"，称它是"俗不可耐的可憎的阴影"。对此，埃菲尔据理力争地说："难道因为我是一个工程师，就不关心美观了？我设计的 4 条符合计算数据的弧形支脚，一定会做到刚劲有力、美观大方，给人留下深刻印象。"法国政府也顶住重重压力，进行了耐心细致的解释和说服工作，工程才得以进行。

第一次世界大战之后的几年里，法国政府还曾考虑推倒铁塔，拆除铁架，把钢铁材料运到遭受战争破坏的地区兴建工厂。不过由于种种原因，这一决定没有付诸实践。

一个多世纪以来，埃菲尔铁塔经过种种风雨的考验，人们最终

接受并喜欢上了它。1964 年，埃菲尔铁塔被法国政府列为不得拆毁的历史遗迹。今天，它的独特风姿成为巴黎动人的一道风景，吸引着来自世界各地的游客。

其实，埃菲尔铁塔的出现并不是偶然的，它是西方现代工业化发展的必然产物。从 18 世纪起，欧洲的一些工业比较发达的国家就萌发着把新材料用于建筑的思潮。到了 19 世纪，用铁作为建筑材料已经相当普遍。特别是商业博览会的兴起，为建筑的创造性发展提供了良机，也促成了建筑审美观点的转变。埃菲尔铁塔的拔地而起在世界建筑史上具有里程碑

● 埃菲尔铁塔近景

的意义。它屹立在巴黎市中心的塞纳河畔，建成时的高度为 300 米，相当于 100 层楼高。它打破了世界最高建筑物纪录，直到 1930 年才被纽约的克莱斯勒大厦超过。1959 年，埃菲尔铁塔装上电视天线后达到了 320 米。

埃菲尔铁塔造型奇特，底部宽大，整体呈一个巨大的 A 字。铁塔底部是 4 个用钢筋、混凝土建成的塔墩，用来支撑整个塔身。其余塔身基本是由钢铁构成，它向上延伸，在距离地面 276 米处突然急剧收拢，直指苍穹。铁塔由 1.8 万个精密度达到 1/10 毫米的部件组成，用 250 万个铆钉连接起来，工艺复杂精细，堪称是建筑史上的一项杰作。

铁塔一共分为 3 层，各层之间有一道铁梯互通，每层都有一个

平台，在上面可以远眺巴黎美景。第一层高 57 米，有用钢筋、混凝土修建的 4 座大拱门，第二层高 115 米，第三层高 276 米。除了第三层平台没有缝隙外，其他部分全是透空的。从塔座到塔顶共有 1711 级阶梯，但是有电梯上下运送游人，十分方便。埃菲尔铁塔原来使用的是老式水力升降梯，一到冬天，水遇冷结冰，就不能使用了；现在安装的是新式电梯，每小时可以把 1800 人送上塔顶。当然，顶层是观赏整个巴黎都会风情的最佳地点，这里设有多台望远镜，还配有幻灯片的介绍。每逢天气晴朗，这里可以看到方圆 70 千米之内的景色。站在高高的塔顶，巴黎美丽动人的景致尽收眼底，令人心旷神怡。

埃菲尔铁塔在建成以后，不但具有观赏性，而且具有非常大的实用性。它既是法国广播电台的中心，也是气象台和电视台的发射塔。它的内部设有饭店、酒吧，还有商店。塔内具有照明设备，静谧的晚上，埃菲尔铁塔灯火通明，塔前的喷水池经彩灯照射，喷出五彩斑斓的水柱，景色十分优美。

1980 年，埃菲尔铁塔进行了一次自建成以来最大规模的改造，更加有利于以后的使用和观赏。铁塔第二层每平方米重达 400 千克的混凝土平台被改建成厚度仅仅为 8 毫米的钢板，每平方米重量为 95 千克，大大减轻了铁塔原来 9700 吨的总负重。第二层又开设了一个大众啤酒馆，将豪华饭店从第二层迁移至第三层。而且又特意建造了一个以铁塔的设计师命名的接待厅，这里可以召开学术会议和招待会，大大拓展了铁塔的功能。此外，为契合时代发展，又开辟了一个现代化的视听博物馆，人们可以"有声有色"地观赏有关铁塔历史及建筑特色的影片与节目。

埃菲尔铁塔的高空艺术造型在当时是史无前例的，但是施工时也遇到了一系列高空作业带来的困难险阻。然而，埃菲尔高明、精准、严密、周到的工程设计避免了许多问题。组装部件时，钻孔都能准确地合上，不用修配或另外钻新孔，减少了许多麻烦。在两年多的工程施工中，从未发生任何伤亡事故，这在建筑史上也是很了不起的。

● 夜幕下的埃菲尔铁塔

埃菲尔铁塔挺立在静静流淌的塞纳河旁，与壮观威武的凯旋门、宽阔的香榭丽舍大道遥遥相望，如同一枚蓄势待发的火箭。它巨大的基座稳稳地根植于大地，高昂挺拔的尖顶直指云霄，气势宏伟而又轻盈跃动，蕴含着一种明快的节奏感，既有古典的美感，又有现代的气息。远远望去，它是那样轻捷、矫健，又是那样辉煌、壮观，其建筑艺术令世人瞩目称颂。有人这样评价它："埃菲尔铁塔不单是一座吸引人观光的纪念碑，也绝不止是一架把人送上高空的机器。它是铁器文明的象征，而'铁'这种材料充分体现了人类对物质的控制力量。"

RENLEI JIANZHUSHI SHANG WEIDA DE QIJI

· 宫殿城堡 ·

谜一样的米诺斯王宫

● 美丽的爱琴海

爱琴海地区是人类文明的发源地之一，而米诺斯王宫是其中最有代表性的遗迹。米诺斯王宫的建筑风格开朗明快，宫殿舒适豪华，与它有关的希腊神话故事更为它增添了引人入胜的神秘色彩。

关于米诺斯王宫，有这样一个故事。那是在远古时代，有一个叫米诺斯的国王，他统治

着克里特岛。米诺斯的儿子在雅典被人谋杀了。为了替儿子复仇，米诺斯向雅典宣战。在天神的帮助下，雅典被施以灾荒和瘟疫。为了避免更大的伤亡，雅典人被迫向米诺斯王求和。米诺斯同意了，但条件是雅典人必须每年进奉 7 对童男童女到克里特岛。

原来，米诺斯在岛上的迷宫里，养了一头人身牛头的怪兽。它生性凶残，以人为食。7 对童男童女就是供奉给它吃的。雅典人为了生存只能接受这个屈辱的要求。这一年，又到了供奉童男童女的时候。雅典城内一片哀鸣，有童男童女的家庭都惶恐不安，害怕灾

难的到来。雅典国王爱琴的儿子忒修斯看到人们遭受这样的不幸十分难过。他义愤填膺，决定和选中的童男童女们一起到克里特岛去，杀死那头残害生灵的怪兽，解除人们的苦难。他的父亲爱琴为儿子的勇敢而骄傲，可又担心他的安危。因为怪兽所栖身的迷宫，道路曲折纵横，人一进去就会迷失方向，根本别想出来，忒修斯极有可能葬身其中。但国王拗不过儿子，只好同意了。于是，这天雅典民众就在哭泣的悲鸣声中，送别了忒修斯和7对童男童女。忒修斯和父亲约定，如果杀死怪兽，他就在返航时把船上的黑帆变成白帆。

忒修斯带领童男童女在克里特岛上岸了。他的英俊潇洒引起了米诺斯国王的女儿——美丽聪明的阿里阿德涅公主的爱慕。公主向忒修斯表达了自己的爱意，并决定帮助他。她送给忒修斯一把锋利无比的魔剑和一个可以辨别方向的线团，用以对付迷宫里的怪兽。忒修斯有了宝物相助，信心大增。他一进入迷宫，就将线团的一端拴在迷宫的入口处，然后放开线团，沿着曲折复杂的通道，向深处走去。他很顺利地就找到了怪兽，经过一场恶战，终于用魔剑杀死了怪兽。然后，他顺着线团走出了迷宫。忒修斯带着童男童女和阿里阿德涅公主逃出了克里特岛，起航回国。

经过几天的航行，他们终于看到雅典了。忒修斯和他的伙伴兴奋异常，又唱又跳，但激动的忒修斯却忘了和父亲的约定，没有把黑帆改成白帆。一直翘首等待儿子归来的爱琴国王在海边看到归来的船挂的仍是黑帆时，以为儿子已被怪兽吃掉了，他悲痛欲绝，纵身跳入大海自杀了。为了纪念他，他跳入的那片海，以后就叫做爱琴海。而关于克里特岛的迷宫的故事也流传千古。

千百年来，人们都认为克里特岛的迷宫只是一个传说。但是在1900—1908年，英国考古学家阿瑟·伊文思率领考古队来到了地中海东部的克里特岛。他一直想找出传说中的迷宫。经过艰苦发掘，他在克里特岛的克诺索斯古城发现了一座结构复杂的3层建筑物，宫室华丽，有宴乐和贵妇等彩色壁画。这项挖掘工作一直持续到1931年，这座湮灭的宫殿终于重见天日。伊文思确信这就是传说中的迷宫。它反映了公元前1500年，爱琴海第一个主要文明全盛时期的成就。

米诺斯王宫是一个庞大的建筑群，分为东宫和西宫两大部分，中间是一个占地1400平方米的长方形庭院，把东、西宫连接为一个整体。王宫有1000多间宫室，有国王宝殿、王后寝宫，还有具有宗教意义的双斧宫、王族宫室以及祭祀室、贮藏库等各种宫室。

与古希腊人不同，米诺斯人似乎并不讲求对称之道。各种宫室都是随意兴建的，设计上不讲究对称平衡。各种宫室由一条条长廊、门

● 米诺斯王宫复原图

厅、通道、阶梯、复道和一扇扇重门连接在一起。房屋和院落之间曲折多变，高低错落，迂回交替，真是千门万户，曲径通幽，让人眼花缭乱。说它是迷宫，真是恰到好处。

米诺斯王宫有好几个入口，从宫内房间的布局来看，西宫似乎专为宗教活动而设，是宫中的行政中心和举行仪式的地方。东宫建在山坡上，俯瞰庭院，是日常起居的地方。在东侧的一端，是木匠、陶工、石匠和珠宝匠的作坊。正是这些匠人的辛勤劳作，那些王孙贵胄们才能享受到舒适奢华的生活。经过大阶梯可抵另一端，即王室寝宫。寝宫四面都是上粗下细的圆柱，呈红、黄两色，是王宫建筑的特有风貌，很有艺术价值。这样的设计十分科学，既照顾

到夏天的通风，又确保了冬天的温暖，使得下层光线充足，通风良好，宫内仿佛享有天然空调。当热气从楼梯上升时，国王大厅的门可一开一闭以调节成清凉的气流，气流中还夹杂着芳草的清香，从柱廊外款款送入室内，沁人心脾，令人心旷神怡。冬天关上门，室内有便携式的炉具取暖，极为温暖舒适。米诺斯王宫多采用宽大的窗口和柱廊，还设置了许多天井来采光通风。它们宽窄不同，高矮各异，精巧地组合在一起，使王宫空间变化多样，姿态万千。

经过中央庭院，可到达西宫。其入口处有 3 个有围墙的坑，是举行宗教仪式用的。举行仪式时，米诺斯人将用来祭牲的血和骨，与蜂蜜、酒、油和牛奶等祭品一起奉献给哺育众生的大地。王宫西宫最富丽堂皇的地方是觐见室，室内宽敞明亮，大约可容纳 16 人同时觐见国王。室内至今仍然保存着由狮身鹰首兽像守护的高背石膏御座。在觐见室外有一个巨大的斑岩石盆，是挖掘克里特王宫的考古学家伊文思放置的——他确信从前的米诺斯人进入位于王宫最外边的觐见室前，要先在盆中进行洗礼。

米诺斯王宫建筑的精美程度，从王后大厅的富丽堂皇、豪华精美就可见一斑。在王后大厅里有冷热水交替的浴池，先进的排水系统，配有木质坐垫的抽水马桶，一应俱全的设备令人惊讶。墙上装饰着鲜艳的壁画和精美的螺旋形花纹。在别的宫室和长廊上也都装饰着瑰丽多姿、情趣盎然的壁画，内容有舞蹈欢庆、列队行进、向神祈祷、奔牛比赛等许多活泼欢快的场景。还有一些绘有海豚等动物式样的图画及风景画。壁画里的青年，身穿褶叠短裙，健壮威武，正在进行拳击和跳过牛背之类的体育活动；美丽的姑娘，梳着精致的卷发，穿着镶白边的黑裙，体态婀娜多姿。在中央庭院南侧宫室内题为《戴百合花的国王》的壁画最为著名。画面上，国王头戴饰以百合花的孔雀羽王冠，身穿短裙，腰束皮带，在百花丛中悠然自得地散步。国王神采飞扬，应当就是当年米诺斯王的写照。由于这些壁画采用的是从植物和矿物中提炼出来的颜料，虽历经3000多年，在出土时仍然色泽鲜艳。这种涂画技术在当时是非常难得的，这也说明距今3000多年的米诺斯文化已经相当发达了。

在迷宫中，还发现了2000多块泥板，上面刻着许多由线条构成的文字。在一些印章和器皿上也发现了一样的文字，学者们称它为线形文字。一直到1953年，才有学者破译了

● 米诺斯王宫遗迹

这些线形文字的意思，原来它记载着王宫财物的账目，其中有国王向各地征收贡赋的情况。这些文字和古希腊使用的文字只有细微的不同，从中可以推算出克里特岛文化和希腊文化之间可能有着密切的联系。米诺斯王宫及其遗址有着不少悬而未决的谜，留待后人去探究。

米诺斯王宫金碧辉煌，奢华舒适，显示出当时的米诺斯人的富有。王宫没有明显的城防工事，可想而知，他们的生活很平静。在出土的文物中，有一幅画描绘着运动员骑在公牛背上翻腾跳跃的情景。除此之外，在许多石碑、青铜器和象牙制品上都发现有公牛的图案。这表现了岛上居民对公牛的图腾崇拜，这可能就是那个神话的起源。米诺斯人还建造了一系列辉煌壮丽的宫殿。每当地震毁坏一座王宫，米诺斯人就会在原址重建一座。米诺斯文化影响深远，

到了公元前 1500 年左右，其成就达到巅峰。后来，因火山爆发，克诺索斯被波及，变成了一片废墟。就这样，这座繁华富丽的古城以及米诺斯王宫湮灭在了历史的烟云中。

从火山灰中发现的庞贝古城

■ 庞贝古城位于意大利，约建于公元前 7 世纪，现在属于那不勒斯市的一部分。在古罗马与迦太基进行的第二次布匿战争之后，庞贝隶属于罗马帝国，成为古罗马的一个自治市。由于这里风景秀丽，古罗马的许多上层人物都在这儿建有别墅。所以在当时，庞贝城是一个富裕、发达的旅游度假城市。

2000 多年前的庞贝古城，规划得非常合理，城市布局像棋盘一样井然有序。城内有 4 条大街，都用石板铺设，交叉成"井"字形，将全城分为 9 个区。城的东南方是椭圆形的角斗场，大约建于公元前 70 年，比古罗马的角斗场还早。角斗场四周有观众席，可容纳 5000 多人同时观看。在角斗场的旁边还有一座正方形的体育馆，馆内有圆柱长廊。

在庞贝城西南方向，是中心广场，广场的三面围着高约 10 米的柱廊。中心广场的北面是太阳神庙和女神庙，南侧是政府机构、法庭，东面是工商业者联合会和市场。这里是庞贝城的政治、经济、文化、宗教中心。

距庞贝城不远处有座世界著名的火山——维苏威火山。据古罗马作家小普林尼的记载，公元 79 年的一天上午，他的舅舅大普林尼将军正率领舰队在那不勒斯海湾巡视。午餐之后，老将军正准备在船上的书房中写作，忽然他的妹妹跑过来对他说："快看，东北方向飘来一片片很大的黑云，这是怎么回事？"大普林尼登上甲板，也暗自纳闷：阳光灿烂，为什么维苏威火山上空会有怪云呢？这时，维苏威的居民来报："维苏威火山爆发了。"于是，老将军下令全部战舰回城全力抢救庞贝城的居民。等他们接近海岸线时，山顶上已喷涌下大量的岩浆和泥石，海滨挤满了逃命的人们，但由于港口有火山喷发物阻塞，舰队很难靠岸。次日上午，由于火山长时间喷发，军舰也不再是一个逃生之地。最后，大普林尼也被活活地埋在了火山灰下面。等到天空中的黑云散尽，人们惊奇地发现，庞贝城消失了。

1763 年，在维苏威火山南侧的农田里，有人发现了一块刻有"庞贝"字样的男子大理石雕像。根据小普林尼的书信记载，人们推测此处便是消失了的庞贝古城所在地。在古城的发掘过程中，人们发现了很多珍贵的文物资料，而且城内的街道保存完整，向我们展示了当时的风俗人情。

波斯波利斯王宫

在伊朗的法尔斯省设拉子市东北，有一座神秘的山峰叫善心山，山下是一片广阔的平原。在平原的尽头，有一座雄伟的城市遗址，它就是波斯波利斯。它曾是波斯帝国的首都之一，始建于 2500 多年前的大流士一世时期，被称为"太阳下最富有的城市"。

波斯波利斯的整个工程历经三代国王。在此期间，波斯波利斯是世界最强大帝国的心脏，也是帝国财富的仓库。

波斯波利斯建有阿契美尼德王朝的王宫。在善心山脚下有一个巨大的人工平台，高约 13 米，波斯波利斯王宫就建筑在这个巨大的台基上。王宫三面有箭楼和城墙防御，墙高 4.5~15 米，东面则是高不可攀的悬崖。宫殿的正门是一个巨大的石台阶，用人工开采的白色石灰岩做成。禁卫军守在台阶两旁，禁止闲杂人等随意闯入王宫。

人们走完大台阶，就到了薛西斯修建的柱廊。柱廊入口处有 4 个巨大的人首牛身雕像，守卫着进入王宫的正门。平台的西南角还有一个便门，供日常进出之用。

根据宫殿文书记载，修筑王宫时，首先是开山取石，修建引水工程，并在王宫的东面挖了一

● 波斯波利斯王宫遗址

口深井，从善心山上引来溪水，以保障全城的生活用水和灌溉用水。然后修建宫墙、营房，再往后就是早期的国库、宫殿。所有建筑物使用的石料，都是附近善心山上的灰色石灰岩，只有少数装饰建筑物表面的浮雕，其石料来自遥远的埃及。

整个波斯波利斯王宫是一个设计严谨的巨大建筑群。大殿是一个正方形建筑物，墙体用砖坯建成，地面用浅绿色泥土筑成。宫殿的门都是木质的，上面贴着

● 波斯波利斯王宫遗迹

金片。考古学家曾经在大殿废墟的灰烬中发现了残存金片，这些金片就是从门上掉下来的。大殿和柱廊的顶部由 72 根细长的石柱撑起，每根石柱高约 20 米，这些石柱现仅剩下 13 根。旁边是国王的寝宫，寝宫的柱子是木质的，高 7～11 米。

考古学家在大殿的柱基下发现了一个石匣，内藏金版、泥版奠基铭文两块，重约 9.6 千克。铭文用 3 种楔形文字写成，表明它是大流士下令所建。

波斯波利斯第二大殿是金銮殿，殿顶由 100 根高达 19.96 米的石柱撑起，号称"百柱大殿"。金銮殿的面积为 4900 平方米，是国王接见客人和举行宴会的地方。

大流士三世是波斯波利斯的最后一位主人、阿契美尼德王朝的末代国王，在古尼尼微遗址附近的高加米拉战役中惨败于亚历山大之手，之后逃往埃克巴塔那避难。

波斯波利斯未经交战，便落入了亚历山大的骑兵部队手中。他们在城里发现了惊人的宝藏：金银财宝就有 12 万塔兰特，约合 312 万千克白银，需要 3 万头驴才能将它们全部运走。亚历山大占领了该城后，举行了一次军事会议。在会上，一位军事首领宣称要把该城洗劫一空，夷为平地。他的副帅试图予以劝阻，认为没有必要将已属于自己的东西毁于一旦，而且这种过分的残暴行径还会重新点燃当地民众的对抗烈焰。军事首领否决了这位副帅的意见，但允准留下王室建筑。

不久之后，大流士死于叛徒之手。他的遗体被发现之后，亚历山大下令以应有之礼节厚葬这位波斯君主，并处决了那个波斯叛徒。

波斯波利斯的厄运并非仅止于此。亚历山大在派遣他的方阵去西北之前，举行了盛大宴会，招待随行人员。宴会就设在波斯国王招待客人的地方，酒如河水

● 波斯波利斯王宫遗址

般流淌，胜利者们一个个酩酊大醉。这时，一个名叫泰依斯的妓女

开始怂恿他们去焚烧宫殿。她的话博得胜利者们的肯定，于是亚历山大在一片狂热的叫喊声中拿起火把，带领将士们冲了出去。他们的足迹踏遍了这座王城的所有殿宇，在管乐的伴奏下，放火烧毁了一切可以烧毁的东西。

不管亚历山大当时火烧波斯波利斯的动机是什么，人们都认为亚历山大一生最大的错误莫过于火烧波斯波利斯。

一夜的大火其实并没有毁掉波斯波利斯整个王城。烧掉的只是建筑物的上层结构，因为其建筑材料主要是雪松。此后，这座雄伟的宫殿就再也无人居住，渐渐地成了一座死城，任凭风吹雨打，日渐毁灭。它昔日的荣光也慢慢地被人们遗忘，只在伊朗的史诗和说唱文学中，留下了一些离奇古怪的传说，伴随着商路上的驼铃声，传向四面八方。

世界新七大奇迹之佩特拉古城

■ 佩特拉古城位于约旦王国首都安曼南部 250 千米处，隐藏在一条连接死海和阿卡巴海峡的峡谷内。古代曾为重要的商路中心。自1812 年以来，这里陆续发现了许多古迹，大都雕刻在一条深谷的岩壁上。

通往佩特拉古城的必经之路是一条叫锡克的峡谷，深约 60 米。这条天然通道蜿蜒深入，直达山腰的岩石要塞。此峡谷最宽处约 7米，最窄处仅能让一辆马车通过，全长 1.5 千米左右。进入峡谷，道路回环曲折，险峻幽深，路面覆盖着卵石。峭壁上的岩石，在风雨长期作用下变得平整光滑，似刀削斧砍。顺着峭壁仰望苍穹，蓝天一线，壮观而又美丽。行走在黑暗的锡克峡谷中，回声飘荡，可是一转过这令人毛骨悚然的峡谷，则是另一番景观，令人惊叹的建筑就呈现在眼前：高耸的柱子，装点着比真人还大的塑像，整座建筑完全由坚固的岩石雕凿成形。这座建筑名叫卡兹尼，它最引人注目的特征是其色彩，由于整座建筑雕凿在石壁里，阳光照耀下粉色、红色、橘色以及深红色层次生动分明，衬着黄、白、紫三色条纹，石壁闪闪烁烁，无比神奇。

● 峡谷尽头的佩特拉古城

卡兹尼具有典型的古希腊后期建筑风格。这一建筑的设计风格与其说是纳巴泰式，不如说是古典式的。这是一座在岩石中建成的巨型建筑——其正面宽约30米，高约40米，入口高达8米，使得任何站在里面的人都显得极其渺小。

卡兹尼名为"宝库"，传说这是历代佩特拉国王收藏财富的地方。整个殿门分两层，下层有两根罗马式的石柱，高10余米，门檐和横梁都雕有精细的图案。殿门上的石龛中，分别雕有天使、圣母以及带有翅膀的战士的石像。宫殿中有正殿和侧殿，石壁上还留有原始壁画。

进入内部后是一个巨室，石阶尽头是一个壁龛，其中或许存放过一位神的塑像。前面的空地是专门容纳前来朝拜的人群的。佩特拉正面顶部的瓮被认为曾是用来存放某位法老的财宝的，以前有许多人曾尝试用枪击中这只瓮以获取其中的财宝。

过了卡兹尼，锡克峡谷豁然开朗，伸向约1.6千米宽的大峡谷。这峡谷中有一座隐没于此的城市：悬崖绝壁环抱，形成天然城墙；壁上两处断口，形成进出谷区的天然通道。四周山壁上雕凿有更多的建筑物。有些简陋，还不及方形小室大，几乎仅能算洞穴；另一些大而精致——台梯、塑像、堂皇的入口、多层柱式前廊，所有这一切都雕筑在红色和粉色的岩壁里。这些建筑群是已消失的纳巴泰人的墓地和寺庙。

从佩特拉中部出发，经半小时的山路便可到达代尔。代尔是进行宗

● 佩特拉古城大门

教庆祝活动的重要场所。高地另一段陡峭的山路通往阿塔夫山脊。在一片人造的高地上有两方尖碑，山腰再往上一些是一块平地，约有 61 米长，18 米宽。据推测，高地是举行祭祀仪式的地方。高祭台上是放祭品的地方，纳巴泰人供奉两个神：杜莎里斯和阿尔乌扎。这里的祭台有排水道，可能是用来排放血的，有迹象表明纳巴泰人曾用人来进行祭祀。

到了 20 世纪，佩特拉成为旅游圣地，同时也成了考古学家研究的重要课题之一。首批当代考古队考察了佩特拉的石雕墓地和庙宇，研究者们确定佩特拉建筑融入了埃及、叙利亚、美索不达米亚、希腊以及罗马的建筑风格，展示出一个多国文化交流中心城市的风貌。

2007 年，在世界新七大奇迹的评选中，佩特拉古城名列其中。

世界屋脊上的明珠——布达拉宫

布达拉宫始建于7世纪，相传是藏王松赞干布为远嫁西藏的唐朝文成公主而建。它由白宫、红宫及其附属建筑组成，内有宫殿、正厅、灵塔、佛殿、庭院等，又是历世达赖喇嘛居住的地方。

15世纪，来自青海的高僧宗喀巴在西藏实行宗教改革，创立格鲁派，又称"黄教"。后来，格鲁派势力渐强，在西藏的宗教和政治上逐渐占据了优势。

● 布达拉宫全景

7世纪以来，有多位藏王、达赖在这里居住过。1690年，为了安放五世达赖喇嘛的灵塔，开始修建红宫。1693年，主体建筑竣工。后来，布达拉宫又不断进行增修和扩建，最终形成了今天的规模。

布达拉宫是一座匠心独运的传统藏式建筑，依山而建，共13层，高约117米，宫墙厚3米，用石头和三合土砌成，坚固无比。宫墙外表略微倾斜，更显得雄伟壮观。

正中的宫殿呈红褐色，称为"红宫"，为历世达赖喇嘛的灵塔殿和习经堂所在地。两侧的宫殿呈白色，称为"白宫"，是达赖喇嘛处理政务和生活起居之所。

红宫在布达拉宫的中央，由灵塔殿和一些佛堂、经堂组成。佛堂供奉着佛祖和已逝的历世达赖的描金塑像，佛座上悬着色彩鲜艳的飘带，堂内香火不断，青烟缭绕。每座灵塔殿内部都有灵塔，分别存放着五世达赖到十三世达赖的遗体（六世达赖没有建灵塔）。8座灵塔中，五世达赖的灵塔最大，形如北京北海的白塔，高14.85米，底座面积达36平方米，从上到下包金，共用黄金3700多千克，塔上的各种图案花纹都是用钻石、珍珠、珊瑚、玛瑙等镶嵌而成的。十三世达赖喇嘛的灵塔最精致华美，灵塔高14米，塔身为银质，外面包着金皮，上面镶满各种宝石和珍珠。塔前还有一座0.5米高的珍珠塔，据说是用金线将20万颗珍珠串成的。其他灵塔也都包金镶玉，灿烂夺目。灵塔内放着各世达赖喇嘛的遗体，遗体均经过脱水及防腐处理。

白宫在布达拉宫的两边，东大殿是白宫内最大的宫殿，也是达赖喇嘛举行活佛转世继承仪式和亲政大典的地方。从清朝起，规定达赖的转世灵童都要由清朝皇帝派大臣来主持"坐床典礼"，才能取得合法地位。东日光殿和西日光殿是达赖喇嘛的经堂，殿内有习经堂、会客室、休息室和卧室。

布达拉宫山后有个龙王潭。当年五世达赖为修建这座宫堡，让工匠在附近山坡采石，久而久之挖出了一个方圆几里的大坑。布达拉宫建成后，在这里修建了一座坛用以供奉龙王，称为"龙王潭"，现已辟为公园。

布达拉宫的每座殿堂的四壁和走廊上绘着许多壁画，色彩鲜艳，画工细致，取材多为佛教故事和历史故事。这些壁画形象地反映了西藏地区的风俗人情、历史传说、社会风貌和宗教概况，是西藏地区的历史画卷，也是中华民族艺术宝库中的珍宝。宫中还藏有大量的卷轴画、雕塑、玉器、陶瓷、金银器物等艺术品，以及经书和其他重要历史文献，具有极高的价值。可以说，古老的布达拉宫不但是举世瞩目的著名建筑，也是一座不朽的文化宝库。

布达拉宫是西藏现存最大、最完整的古代宫堡建筑，也是世界上海拔最高的古代宫殿，被誉为"世界屋脊上的明珠"。

举世闻名的"地下水晶宫"

■　维利奇卡盐矿地处波兰南部的克拉科夫。所谓维利奇卡，就是"伟大的盐"的意思。这里以盛产盐而著称。早在石器时代，维利奇卡人就懂得用蒸馏的方法提取盐，是最早使用盐的地区之一。维利奇卡盐矿始采于 13 世纪。在采掘过程中，总共挖出了 800 万立方米的盐岩，形成了上下 9 层，长几百千米的巷道和矿坑，在地下 65 ~ 327 米深处留下了一个个巨大的洞穴。人们因此物尽其用，将这些洞穴改造成教堂、博物馆、疗养院、剧场、体操房等，使维利奇卡盐矿成为世界闻名的"地下水晶宫"。

据说这座地下盐宫是由金加首创并建造的。金加出身于盐矿工人家庭，长得美丽非凡，是克拉科夫某朝国王的王后。她深深同情矿工的遭遇，不断提出改善矿工待遇的建议，并且身体力行，深入矿

● 维利奇卡盐宫内景

井探望工人。她还倡导清理废矿坑，雕塑艺术品，让矿工有个休息的场所，矿工们都将金加视为自己的保护者。但是关于金加的具体生平、盐宫何时建造，今天已经无从查起。

从入口沿着木质台阶走下矿井，或者乘坐电梯而下，经过弯弯曲曲的巷道，总会有意想不到的奇景出现在眼前。那些酷似大理石的建筑和晶莹剔透的雕塑品，原来都是盐矿石。其中，以圣金加教堂最为漂亮。全殿长 70 米，宽 50 米，高 20 米，西壁凿满《圣经》

故事的浮雕，拱形天花板上悬挂着豪华的吊灯，电灯一亮，光芒四射。在主殿旁边有若干个小厅，可同时容纳数千人。

在84米深处有一个地下湖，湖水澄清。如果不慎掉入湖中，也不用害怕，因为湖水的盐度非常高，人不容易沉下去。

120米以下的洞穴里，开辟了体操房、网球场、剧场，游人可以自由玩乐。

135米深处有一个盐矿历史博物馆，门口立有波兰科学家哥白尼的雕像，分为3个陈列大厅，3厅相连，没用任何梁柱。每个陈列厅都可以容纳五六百人，展出各个历史时期采矿工具的实物和雕像，以及几十万年前凝固于盐层的动植物化石。

211米深处还开设了一个疗养院，巧妙利用盐矿中的微气候治疗呼吸道疾病。

维利奇卡盐矿自建立以来，经过几代艺术家的努力，得到不断完善。1978年，维利奇卡盐矿被联合国教科文组织列为"世界文化遗产"并加以保护。

紫禁城

北京紫禁城是我国规模最大的、保存最完好的古代建筑群，始建于明永乐四年（1406年），十八年（1420年）基本竣工。为建造这一浩大的工程，据说明成祖朱棣曾征集了10多万工匠和100多万民工。紫禁城建成后，明、清两代的24个皇帝都先后住在这里。

紫禁城位于北京城的中轴线上，它的前面有社稷坛（今中山公园）、太庙（今劳动人民文化宫）、天安门，后面有景山（今景山公园），两侧分别为皇史宬（保存明、清两代史料的地方）和西苑（今北海公园和中南海）。整个紫禁城，南北长961米，东西宽753

米，占地面积 72 万平方米，建筑面积达 15 万平方米。紫禁城四周筑有 10 多米高的城墙，还有宽达 52 米的护城河。城墙的四个角上，各筑有一座被人们称为"9 梁 18 柱 72 条脊"

● 紫禁城全景

的美丽角楼。整个建筑群布局严整统一，外观精美壮丽。

　　传说紫禁城建筑群总共有房屋 9999.5 间，为什么有 0.5 间呢？有一种说法是，朱棣建造紫禁城时本来想建 10000 间房，但有一天他梦见玉皇大帝召见他，责其建房 10000 间，与天宫相同，有凌驾于天廷之上的嫌疑，罪不可恕。朱棣醒来后向刘伯温讨教，刘伯温就建议他建 9999.5 间，既逊于天廷，又不失皇家气派与天子至尊。另一种说法是，紫禁城房屋数量是受了中国传统哲学思想的影响。我国古代以 9 为大，而 10000 为极数，含顶点之意，建房 10000，似有"满招损"之嫌。故朱棣减去 0.5 间房，以防招致灾祸，含有"谦受益"的意思。

　　紫禁城布局十分严谨，整个建筑群由前后两大部分组成。前部称为"外朝"，以太和殿、中和殿、保和殿三大殿为中心，以文华殿、武英殿为两翼。后面的部分称为"内廷"，以乾清宫、坤宁宫和交泰殿为主体，两侧有东西六宫。这是根据中国古代"前朝后寝"的礼制而设计布置的。

　　整个紫禁城的布局思想和建筑艺术手法，都是为了突出封建帝王至高无上的地位和渲染皇宫非凡威严的气势。

　　紫禁城的正门是午门。一般游客都喜欢从天安门进去，穿过端门、午门再进入紫禁城。进入午门，前面就是太和门。午门和太和门之间有一座呈扁方形的院落，其中有 5 座内金水桥（天安门前面的河叫外金水河，午门与太和门之间的弓型人工河道，叫内金水河，跨越河上的 5 座并列的石桥是内金水桥），这是进入太和门前的过渡地带。

● 紫禁城·午门

一进太和门，顿时豁然开朗，眼前是一个方形广场，广场北部的中央就是紫禁城中最壮丽巍峨的太和殿。

太和殿又称"金銮殿"，是紫禁城三大殿（太和、中和、保和）中最大的一个。它高 26.92 米（连同台基通高 35 米），宽 63.96 米，建筑面积达 2377 平方米。太和殿面阔 11 间，是正殿中间数最多的，屋顶使用了等级最高的重檐庑殿顶，这都是为了表示至高至尊的地位。殿内中央有一个 2 米高的平台，上面安放着一张金漆雕龙的宝座。谁登上这个宝座，就是"受命于天"的皇帝。所以，太和殿最重要的用途，就是让每一位新皇帝在这里举行登基大典。宝座的前面有御案，后面有围屏，两旁有金碧辉煌的蟠龙金柱。正对着宝座的殿顶上，有金龙藻井、彩绘梁枋。殿前的露台，上有铜龟、铜鹤等。明、清两朝，每逢新皇帝登基、册立皇后或庆祝万寿节、元旦、冬至三大节，都在这里举行盛大典礼。

过了太和殿，就是中和殿与保和殿，这三大殿都坐落在一个高 8.13 米的 3 层汉白玉台基上。中和殿是一座正方形的尖顶宫殿，是皇帝参加大典前休息和准备的地方。保和殿为重檐歇山顶，是皇帝参加大典前更衣的地方。清朝乾隆以后，也是皇帝设宴和举行殿试的地方。三大殿的汉白玉台基上有许多龙头，这些龙头其实都是排水口。每逢下雨，台基上的积水就通过栏板、望柱下的小洞，从龙头的口中吐出。

出保和殿再往北，就是内廷。内廷是皇帝

● 紫禁城·太和殿

生活起居的地方。内廷的第一座宫殿是乾清宫，这里原是皇帝的寝宫。后来，皇帝也在这里处理日常政务。乾清宫后是交泰殿。这里曾是皇后千秋节受庆贺礼的地方，清朝成为放置宝玺的地方。现在此殿藏有乾隆皇帝精选的宝玺25方。交泰殿后是坤宁宫。这里原先是皇后的寝宫，清朝时改为祭神和举行皇帝大婚典礼的地方。

内廷的这三座宫殿两边，是东六宫和西六宫。这是嫔妃们居住的地方，俗称"三宫六院"。西六宫之南的养心殿，就是慈禧太后"垂帘听政"的地方。

从坤宁宫再往北，

● 紫禁城·御花园一角

就到了御花园。园中以钦安殿为中心，有大小建筑20多座，其间点缀着奇石古树，有皇家苑囿的气派。出御花园往北，就是紫禁城的北门——神武门。出了神武门，对面就是景山了。

紫禁城建筑群是在一条由南到北的中轴线上展开的，它所体现的虚实相济、变化无穷的建筑空间序列，常让中外建筑家们为之倾倒。从天安门入端门，再到午门，一个门洞套着一个门洞，层层推进，这种笔直幽深的空间变化造成一种神秘而严肃的气氛。一过午门，顿觉开朗，再过太和门，空间更加开阔。这突然出现的宽阔空间，给正面耸立在汉白玉台基上的太和殿增添

● 紫禁城·乾清宫内景

了一种宏大壮丽而又肃穆森然的气势，让人感到一种威慑的力量。从天安门到太和殿，地坪标高逐渐上升，建筑物形体越来越大，庭院也逐渐开阔，这些逐步展开的空间变化，如同乐曲中的渐强音，充分烘托了太和殿这个辉煌的高潮。

紫禁城的取暖和排水系统也十分巧妙。为了冬天取暖，自明朝起就在各寝宫砌了地下火道，只要在殿外台基处大洞火道口烧木炭，热量就可送到各宫。排水系统也很周密，每组宫殿都有支沟通入宫墙外的干沟，这些干沟又分别同太和门外的内金水河及总沟相连，最后再汇入紫禁城外的护城河。此外，为了改进音响效果，宫内的戏楼下设有地井。这些技术在当时都是非常先进的。

紫禁城是中国古代劳动人民血汗和智慧的结晶，如今，它已成为故宫博物院，供人们参观、游览。人们可以从它身上领略到中华民族悠久的历史和灿烂的文化。

世界新七大奇迹之马丘比丘

1911 年，美国耶鲁大学的宾海姆教授在秘鲁境内的安第斯山 2000 多米的悬崖上，发现了印加帝国古城遗址——马丘比丘。

● 云雾缭绕的马丘比丘

实在让人难以相信，一座用巨石建成的庞大古城，西班牙人在长约 300 年的殖民统治期间竟然对它一无所知，秘鲁独立后 90 年间也居然无人涉足。300 多年的时光，整个城市被群山重重包裹，掩映在浓密的丛林和缥缈的云雾当中，只有那翱翔的山鹰目睹过它的雄姿。

对马丘比丘发掘和研究的日益深入，一方面使人们对印加文明有了更多的了解，另一方面也使人们对这座"空中之城"产生了很多疑惑。

这样一座面积达 13 平方千米的城市竟然完全建立在一个依傍大山的悬崖上。筑城的巨石间不用黏合物竟能稳如泰山，屡经地震而不倒！但令人难以想象的是，这样一个庞然大物竟能从历史上"走失"几个世纪……

印加人为什么要在崇山峻岭中建这座城？印加人是怎么将筑城的巨石运到高山上的？印加人好不容易建成的这座城，为什么最终又被遗弃了？

马丘比丘也被称作"失落之城"，是保存完好的前哥伦布时期的印加遗迹。它是南美洲最重要的考古发掘中心，也是秘鲁最受欢迎的旅游景点之一。

从入口处往里看，马丘比丘的宏伟景象就像一组系列照片一样迭次展开。在马丘比丘和胡亚拉比丘两座山峰之间，一座座石质建筑和绿草如茵的院子依次排列。

考古学家通过对这里发现的木乃伊做年代测定，认为马丘比丘是在第九代印加王帕查库提向乌鲁班巴河征战时期建造的。如果说这座伟大的"空中之城"诞生在这位"地球震撼者"手里，还是可以相信的。

但难以理解的是，帕查库提为什么要在崇山峻岭之中历尽难以想象的艰辛，建造这样一座"空中之城"呢？

有考古学家说，马丘比丘是印加王族在乡间的休养场所。这种说

● 马丘比丘的拴日石

法的问题是，为了休养就付出这样大的代价修建这座城堡，未免太奢侈太不合情理了。

另有一种猜想得到比较广泛的认可，那就是马丘比丘并不是普通的城市，而是一个举行各种宗教祭祀典礼的活动中心。印加人崇拜太阳，太阳神是他们最重要的神灵，印加王都自称为"太阳之子"。选择这样高的位置建设规模如此巨大的一座城，为的只是离太阳更近一些。

城中的"拴日石"是一块精心雕刻过的怪异巨石，据说印加人每年冬至的太阳节时为祈祷太阳重新回来，会象征性地把太阳拴在巨石上。他们将太阳视作"燃烧的火鹰"，渴望用"拴日石"将带

来光明和温暖的太阳永远留在天上。直到今天，对太阳的崇拜仍在秘鲁民间流传，而在这座古城里，关于太阳崇拜的建筑也随处可见。

考古学家还在城中发现了许多头骨，绝大多数是女人的头骨。他们推断这些都是敬献给太阳神的"太阳贞女"。

据说，这里曾经住过一两万人，其中部分妇女是充作太阳贞女、王族女仆和祭司助手的。她们或是纺纱织布，或是酿造被印加人称为"奇查"的玉米酒，或是亲自参加宗教仪式，又或是做其他事情。

除了这些妇女外，城中还有许多祭司和观象者。祭司掌管某座神庙，主持宗教仪式；观象者观测天文，这不仅对宗教有特别意义，而且对农事也非常重要。

一些人类学家经过检测发现，马丘比丘的遗骨中的某些化学物质的放射性同位素的比率存在很大差异。这就说明除了以上主要为太阳神服务的人外，其余遗骨的主人生前是在马丘比丘之外不同的地方长大的。

经过考证和推定，专家认为这些人是从印加帝国各个地方征召而来的，被派到马丘比丘服务，后来成为这里的永久居民。有些马丘比丘的居民是从中美洲海岸的各处移民来的，还有的是从安第斯的高山峡谷中跋涉到这里的。他们把不同的服装、习俗和文化带到马丘比丘，丰富了这里的生活。

城中的建筑物基本上是用浅色的花岗石砌成，每一块石头几乎都有几吨重。在一座神殿的祭坛上，有一座用一块100多吨重的花岗石板垫砌而成的祭台。这些石头建筑物不用灰浆，而是石匠们使用简单工具拼接垒筑而成，大小石块间竟是严丝合缝，甚至连刀片都插不进去。沿着山坡还有许多石砌房屋，这些建筑物之间都有石台阶相连。

那时的印加人根本不会使用车辆，他们是怎么把几十吨的石头搬到这么险峻的高山上的？他们又是怎么将石头放置在十分恰当的位置的？只可惜如此精密的建筑和细致的规划，现在没有任何可以查证

● 马丘比丘遗址

的历史资料了。在那个时代，能达到如此水平确实令人匪夷所思。

专家们推测，修建马丘比丘的石头主要来自两个方面，一是印加人削掉山尖作地基得到的石头，二是采石场的石头。要知道，即使是在可以动用现代化设备（如起重机、直升飞机等大型工具）的今天，要把这么多沉重的大石块运上高高的悬崖，也是非常困难的，可是印加人是怎么做到的呢？至今还是一个未解之谜。

另外，在高山上用巨石建城堡，实在太费劲了，印加人何以要这样做呢？可以选用的建筑材料有多种，为什么印加人单单对石头情有独钟？

考古发现，这座城堡约在 16 世纪末就没有人居住了。由此可见，它是一座被人遗弃了的城市。疑问接踵而来：这样理想的一个避难所，印加人为什么要遗弃呢？难道是遇到了什么不可抗拒的灾祸？难道是担心西班牙人找到这里，干脆躲得更远？可是，这样坚固的一座堡垒，可以说是"一夫当关，万夫莫开"，就算西班牙人找来了，他们想攻入谈何容易！何况历史证明，当时的西班牙人自始至终根本不知道还有这个地方。这一切的一切都无法想象，也难以解释。

但正是由于马丘比丘藏在云山深处，躲开世人的视线长达数百

年，所以一切都还基本保留着当初的模样，城中宫殿、神庙、祭坛、广场、街道、水道、监狱、仓库等一应俱全。

如今的马丘比丘已经成了印加帝国最为人所熟知的标志。它不单是印加文明的一个缩影，也是整个南美洲的象征。马丘比丘带给人们的不仅仅是对神秘力量的敬畏，更多的还有对失落文明的缅怀之情。

"太阳王"的杰作——凡尔赛宫

凡尔赛宫是欧洲最宏大、庄严、美丽的王宫，是欧洲自古罗马帝国以来，第一次集中如此巨大的人力、物力所缔造的杰作。它是法国古典主义艺术杰出的代表，也是人类艺术宝库中一颗绚丽灿烂的明珠。

富丽堂皇、雍容华贵的凡尔赛宫原来只是一座朴实的小村落，路易十三看中了这块地，就命人在此建造了一座皇家狩猎用的行苑。他的儿子路易十四一开始就对这幢建筑很感兴趣，认为它是块宝地。在路易十三死后，路易十四决心要把它改建成有史以来最大最豪华的宫殿。为此，他倾尽人力、物力和财力，集中当时著名的建筑师、设计师和技师，着手建造这座举世闻名的凡尔赛宫。路易十四认为大型建筑可以为他本人及其政权增光添彩，他不但为建造这些大型建筑花费大量的钱财，而且常常亲自过问它们的建造进度，并对那些宫廷建筑师和造园家钟爱有加。凡尔赛宫的建造者之一——勒诺特尔大概是大臣中唯一能跟路易十四拥抱的人。有一次，路易十四因喜爱他的设计，在很短的时间内，接连几次赏赐他巨额的奖金。他开玩笑说："陛下，我会让您破产的。"路易十四还破格赐予凡尔赛宫的另两名建造者爵位，其中一位是孟萨，许多宫廷贵族对此有些不满。路易十四很不屑地回敬他们说："我在15分钟内可以册封 20 个公爵或贵族，但造就一个孟萨却要几百年时间。"

路易十四如此的恩待自会换来建筑师们全心的拥戴与回报。孟萨负责建造凡尔赛宫的南北两翼和镜厅。根据路易十四的旨意，设计师对原有的文艺复兴样式

● 凡尔赛宫全景

的宫殿进行了改造，将宫殿墙面改为大理石，并扩建了前院和练兵广场，在广场上设置了 3 条放射状的大道，还修建了一个极其宏伟壮丽的花园。经过这几位艺术家和后来几位建筑师的不懈努力，终于建成了欧洲最大的宫殿。1682 年，路易十四正式将政府从巴黎迁至凡尔赛。

路易十四是法国历史上赫赫有名的国王，被称为"太阳王"。他使法国的绝对君权制度发展到了顶峰，他的名言"我就是国家"生动地反映了他的思想，而凡尔赛宫的修建过程充分贯穿了他的思想。为了与至高无上的地位相匹配，他对凡尔赛宫的宫殿和园林进行了扩建、修缮和装饰，使它的规模以及豪华精美程度达到了登峰造极、无以复加的地步。他的宗旨就是要通过宏大、豪华的宫殿建筑来强调绝对君权制度下国家和民族的统一。

路易十四死后，他的曾孙路易十五进一步扩建凡尔赛宫。他花费重金为自己的王后建了一座极为精致的小别墅。他和路易十六都喜欢居住在凡尔赛宫。直到 1789 年，法国大革命爆发，路易十六不得不结束凡尔赛宫奢华舒适的生活。1793 年，他被愤怒的群众送上了断头台。凡尔赛宫也作为路易十六罪恶生活的证据被冷落，并

数遭劫难。19世纪30年代，七月王朝首脑路易·菲利普下令重修凡尔赛宫，将凡尔赛宫的南北宫和正宫底层改为博物馆。

第一次世界大战结束后，德国成为战败国。1919年6月28日，协约国与德国在凡尔赛宫的镜厅签订了著名的《凡尔赛和约》。如今在镜厅的一角还保存有

● 凡尔赛宫近景

当年签约时与会代表的所用物品。现在，法国总统和其他领导人也常在此会见各国首脑和外交使节。

这座庞大的宫殿，总建筑面积为11万平方米，园林面积达到100万平方米，以东西为轴，南北对称。宫顶摒弃了法国传统的尖顶建筑风格而采用了平顶形式，显得端庄而雄浑。在长达3千米的中轴线上建有雕像、喷泉、草坪、花坛、柱廊等。宫殿南北全长402米，中间是王宫，两翼是王子和亲王们的住处、政府办公处、剧院、教堂等。宫殿气势磅礴，布局严密、协调。宫殿外壁上端的大理石人物雕像造型优美，栩栩如生。凡尔赛宫外观宏伟、壮观，内部陈设和装潢更是富丽奇巧、奢华考究，富有艺术魅力。宫内的大殿小厅处处金碧辉煌，豪华非凡。各厅的墙壁和柱子都用色彩艳丽的大理石贴成方形、菱形、圆形的几何图案，上面镶金嵌玉并搭配了彩色的镶边。有的墙面上还嵌着浮雕，画着壁画。天花板上有金漆彩绘，雕镂精细的几何形格子里面装着巨大的吊灯和华丽的壁灯。各种装饰用的贝壳、花饰被错综复杂的曲线衬托得富丽堂皇、灿烂夺目，配上精雕细刻、工艺精湛的木制家具，给人以华美、考

究的感觉。宫内陈放着来自世界各地的珍贵艺术品。

宫中最富丽堂皇也最著名的就是位于中部的镜厅，也称"镜廊"。它长 73 米，左边与和平厅相连，右边与战争厅相接，是由孟萨建造的。它的墙面贴着白色的大理石，壁柱是用

● 凡尔赛宫的镜厅

深色的大理石建成，柱头是用铜制成的，且镀了金。拱形的天花板上绘满了反映路易十四征战功绩的巨幅油画。画风酣畅淋漓，气韵生动，展现出了一幅幅风起云涌的历史画面。天花板上还装有巨大的吊灯，上面放置着几百支蜡烛。吊灯、烛台与彩色大理石壁柱及镀金盔甲交相辉映。排列在两旁的 8 座罗马皇帝的雕像、8 座天神的雕像及 24 支光芒闪烁的火炬，令人眼花缭乱。镜厅中有 17 扇面向花园的巨大圆拱形玻璃窗，与它们相对的墙壁有 17 面大镜子。白天，花园的美丽景色通过透明的大玻璃和亮闪闪的镜子交相辉映，人在屋中就可以欣赏到园中胜景：碧蓝的天空澄澈如洗，青青的芳草如茵如梦，绿树环绕、碧波荡漾，令人心旷神怡。入夜，几百支燃着的蜡烛的火焰一起跃入镜中，与镜外的璀璨群星交相辉映，虚幻缥缈，使人如入仙境。

凡尔赛宫的正宫前面是一座风格独特的法兰西式大花园。这个大花园完全是人工雕琢的，极其讲究对称和几何图形化。近处有两个巨型喷水池，600 多个喷头同时喷水，形成遮天盖地的水雾，在阳光下呈现出七色的彩虹，颇为壮观。在水池边伫立着 100 尊女神

铜像，身姿娇美婀娜。20万棵树木叠翠环绕，俯瞰着如茵的草坪和如镜的湖水。各式花坛错落有致，布局和谐。坛中花草的种植，别具匠心。路易十四对花有强烈的爱好，每年要从荷兰进口400万个球茎。亭亭玉立的雕像则掩映在婆娑的绿树和鲜花的簇拥中。园林中还开凿了一条运河，用于引塞纳河水，里面停泊着游船和小艇。在凡尔赛宫有一座母神喷泉，是个4层的圆台，簇拥着中央最高处

● 凡尔赛宫的园林

的太阳神之母的雕像。它是用洁白的大理石雕刻而成，高贵典雅、栩栩如生。她一手护着幼小的阿波罗，一手似乎在遮挡四周向她喷来的水柱。水柱是从周围圆台上的癞蛤蟆雕像的口中喷射出来的。

从母神喷泉向西，沿中轴线有一块绿毯般的巨大草地。它长330米，宽36米，草地两侧矗立着以神话中的角色为主人公的白色石像。石像之外是名为"小林园"的景区，一共有12个，都被密密的树木围着。每区有一个主题，或是水剧场，或是环廊，还有一个是人造的假山洞，里面安置着几组雕像，表现阿波罗巡天之后与仙女们憩息嬉游的情景。

小林园外是一片浓密的树林，郁郁苍苍，被称为"大林园"。

在运河附近还有一座不大的小山丘，黄昏时分，太阳会在那里落下。其时，满天彤云，瑰丽无比，整个园林焕发着金色的光辉。整座凡尔赛宫都贯穿着太阳的主题，从母神喷泉到阿波罗驱车喷泉，再到其他种种景致，表现了太阳神阿波罗从幼小到长大后威武巡天的全过程。这和自称"太阳王"的路易十四很好地贴合起来，也清楚地揭示了凡尔赛宫的主题，即歌颂人间的"太阳王"——路易十四。

雍容华贵的凡尔赛宫是西方古典主义艺术的卓越代表，它也因此成为当时欧洲各国皇室纷纷效仿的蓝本。

RENLEI JIANZHUSHI SHANG WEIDA DE QIJI

·园林别墅·

巴比伦的空中花园

● 画家笔下的空中花园

一提到巴比伦文明，人们津津乐道、浮想联翩的首先是空中花园，它又称"悬园"，是古代世界七大奇观之一。

关于空中花园的修建，有一个美丽动人的传说。新巴比伦王国国王尼布甲尼撒二世（公元前605—562年在位）娶了米底的公主安美依迪丝为王妃。公主美丽可人，深得国王的宠爱。可是时间一长，公主愁容渐生，尼布甲尼撒二世不知何故。公主说："我的家乡山峦叠翠，花草丛生。而这里是一望无际的平原，连个小山丘都找不到，我多么渴望能再见到我们家乡的山岭和盘山小道啊！"原来，公主得了思乡病。

于是，尼布甲尼撒二世令工匠按照米底山区的景色，在他的宫殿里，建造了层层叠叠的阶梯型花园，上面栽满了奇花异草，并在园中开辟了幽静的山间小道，小道旁是潺潺流水。工匠们还在花园中央修建了一座城楼，矗立在空中。空中花园是采用立体造园手法，将花园放在 4 层平台之上，由沥青及砖块建成，平台由 25 米高的柱子支撑。园中种植各种花草树木，远看花园犹如悬在半空中。

巧夺天工的园林景色终于博得公主的欢心。由于花园比宫墙还要高，让人感觉像是整个花园都悬挂在空中，因此人们称之为"空中花园"。当年到巴比伦朝拜、经商或旅游的人，老远就可以看到空中城楼上的金色屋顶在阳光下熠熠生辉。所以，希腊学者在品评世界各地著名建筑和雕塑品时，把空中花园列为古代世界七大奇观之一。从此以后，空中花园更是闻名遐迩。

空中花园最令人称奇的地方是供水系统。因为巴比伦雨水不多，而空中花园远离河流，所以灌溉就成了一个难题。面对这个难题，巴比伦工匠为空中花园设计了高超的灌溉系统。奴隶不停地推动紧连着齿轮的把手，把地下水运到最高一层的储水池，再经人工河流返回地面。另一个难题是保养，因为一般的建筑物长年受河水的侵蚀而不塌是不可能的。由于美索不达米亚平原没有太多石块，因此空中花园用了许多与众不同的砖块。它们被加入了芦苇、沥青及瓦，更有文献指出砖块被加入了一层铅，以防止河水渗入地基。

令人遗憾的是，空中花园和巴比伦文明的其他著名建筑一样，早已湮没在滚滚黄沙之中。我们要了解空中花园，只能通过历史记载和近代的考古发掘。

不过，有些记载虽然提到了空中花园，但认为传说中的空中花园并不是由尼布甲尼撒二世建造的，而是一位叙利亚国王为取悦他的一个爱妃而特意修筑的。有些记载甚至认为传说中的空中花园实际上指的是亚述国王辛那赫里布在其都城尼尼微修筑的皇家园林。

19 世纪末，德国考古学家发掘出巴比伦城的遗址。他们在发掘南宫苑时，在东北角挖掘出一个不寻常的、半地下的、近似长方形的建筑物，面积约 1260 平方米。这个建筑物由两排小屋组成，每个小屋平均只有 6.6 平方米。两排小屋由一条走廊分开，对称布局，周围被高而宽厚的围墙所环绕。在西边那排的一间小屋中，发现了一口开有 3 个水槽的水井，一个是正方形的，两个是椭圆形的。根据考古学家的分析，这些小屋可能是原来的水房，那些水槽则是用来安装压水机的。因此，考古学家认为这个地方很可能就是传说中空中花园的遗址。当年，巴比伦人将土铺在这些小屋坚固的拱顶上，层层加高，栽种花木。源源不断的灌溉用水是依靠地下小屋中的压水机供应的。考古学家经过考证证明，那时的压水机的原理和我们现在使用的链泵基本一致。它把几个水桶系在一根链带上，与墙上的一个轮子相连，轮子转动一周，水桶就跟着转动，完成提水和倒水的整个过程，水再通过水槽流到花园中进行灌溉。这种压水机现在仍在两河流域广泛使用。而且，考古学家也的确在遗址里发现了大量种植花木的痕迹。

然而，到目前为止，在所发现的巴比伦楔形文字的泥版文书中还没有找到确切的文献记载。因此，考古学家的解释是否正确仍需进一步研究。总之，传说中的空中花园的真实面目依旧隐身于历史的迷雾之中。

哈德良别墅

哈德良别墅是古罗马最大的别墅，它是古罗马帝国的皇帝哈德良为自己建造的一座人间"伊甸园"。按现今对其遗址的考古发掘，别墅区域占地约 18 平方千米，几乎相当于两个规模较大的古罗马城镇。淤泥堆积的池塘里，塌落的台阶下，千百件珍贵的古代雕刻被遗弃于此。其实，除了没有一个城镇应有的居住区和商业区外，庙宇、花园、浴场、图书馆、柱廊、剧场、喷泉、瀑布等，这里应有尽有。在许多方面，它更像皇帝一个人的城市。

哈德良出生于公元 76 年 1 月 24 日，童年是在西班牙南部小城伊特里卡度过的。他的父亲是前罗马皇帝图拉真的表弟。

就像大多数受过教育的古罗马人一样，哈德良认为古希腊是一切高雅文化的源泉，为后世的文学、哲学、建筑和雕刻树立了楷模，罗

● 哈德良别墅遗迹

马人最好的做法便是去模仿。熟悉哈德良的人们都称他为"小希腊人"。他对其统治下的希腊地区的发展给予了特殊关怀，曾拨巨款资助其建设，使雅典、科林斯、米利都以及受希腊影响的东地中海地区等文化名城恢复了昔日风采，促成了历史上所谓的"希腊复兴"的产生，也进一步促进了希腊和罗马文化的融合。在他统治时期，罗马的建筑艺术和工程技术都达到了极高的水平。

与许多有成就的皇帝一样，哈德良也有不足的地方。他沉溺于宴会、雕塑与绘画，而且挥金如土。他既严肃又放荡，既随和又庄严，既残暴又温和。他总是反复无常，变化多端。这位古罗马皇帝平生有两个最大的爱好：一个是旅行，另一个就是建筑。并且，他常常将两者结合在一起。

哈德良是当时世界上最伟大的旅行家之一。他陆陆续续访问了当时帝国 44 个行省中的 38 个，足迹遍布欧亚非，历时不下 10 年。据说，他赴外地旅行的时间远多于住在罗马的时间，并且他对所到之处的建筑、艺术、历史都很感兴趣。依古史所记，在建造哈德良别墅的时候，哈德良把他最为仰慕的希腊文化古迹都"重现"于此。其中有亚里士多德讲学的健身堂、柏拉图授课的学园、雅典议

会主席团大厅以及斯多葛学派最初聚集的画廊等。另外，埃及和东方的一些美景也被他收入园中，如位于尼罗河入海口的亚历山大里亚和卡诺普斯运河。这些建筑或按其原貌重建，或只取其名。卡诺普斯运河在哈德良别墅便是以一条掩映于浓荫中的长水池来代替的。

哈德良在位时还新建或重建了一系列其他建筑工程，主要有万神庙、维纳斯庙和罗马庙，但后面的两座

● 万神庙

建筑均已被毁坏，只有万神庙留存。万神庙长方形门廊后接圆顶大厅的形制，可谓哈德良的独创。

哈德良对建筑有浓厚的兴趣。历史上曾有这样一个故事：一次，图拉真皇帝与著名建筑师阿波罗多格斯正在讨论一个建设方案，哈德良在旁边插话，却受到了阿波罗多格斯的嘲笑，他说："你还是去摆弄你的大冬瓜吧！对我们所谈的问题，你是个门外汉。"阿波罗多格斯所说的"大冬瓜"就是哈德良偏爱的圆顶结构。阿波罗多格斯也为自己的高傲付出了代价，最终被哈德良所杀。

虽然这位倒霉的建筑师被皇帝所杀，但哈德良统治时期被后世誉为理想的盛世。德国诗人歌德曾说过，他最愿意生活于其中的就是哈德良时代。

哈德良为自己建造的"伊甸园"——哈德良别墅，是一座庞大

的离宫花园，里面有很多精品建筑和优良工程，不过最灵秀的可能要数其水景了。

水是整个别墅建筑中最显著的主题之一，也是意大利花园的典型特点。别墅的管道设计，方便了哈德良使用一条专给罗马供水的主要渠道。这些水来源于城镇高地的阿尼奥河上游，绝佳的水源可以避免把水往高处升调的麻烦。水流从最南端引入，再通过一个由管道和水塔组成的复杂系统，最后流过整个别墅。每一个建筑都有自己的用水设施，大型水池和小型浴场水流系统等一应俱全。其中最为复杂的水流系统是一个被称为"塞拉佩汶"的建筑。它实际上是一个半圆形的餐厅，周围水流环绕。客人可以倚靠在拱形遮篷下的半圆形长椅上，以面前的一条小渠当桌子，菜肴漂浮在水面上，真是风雅意趣之极。其后有一个"水帘洞"，灯火通明；其前有一个波光粼粼的水池，极目远眺，还可见卡诺普斯运河。这些水都是从拱顶后面的高堤引来的，在许多地方形成了壮观的喷泉。

哈德良别墅建在罗马城附近的蒂沃利，这里一直都是罗马富人们建立避暑山庄的最佳地点之一。这片土地本来是用于耕作的农庄中心，到了后来，受希腊东部豪华宫殿，尤其是亚历山大港托勒密宫的影响，罗马人开始在自己的别墅和郊区庄园里修建浴场、室内体育场、图书馆等建筑。这里变成了享乐的场所，人们不用再考虑商业或国家大事。花园里，灌木整齐划一，水果丰硕甜美；人造的荒地里野兽出没，镀金的大鸟笼里群鸟同鸣。在整个设计中，不管是作为自然景观的一部分，还是流动于人造管渠之中，潺潺的流水总是使人为之一振。鱼塘给餐桌提供了美味的食物，水渠给浴场注满了清水，喷泉给空气增添了凉爽。在已知的有关水的建筑中，有12 个莲花形喷泉、30 个单个喷泉、6 个"水帘洞"、6 个大浴场、10 个蓄水池和 35 个卫生间。

哈德良别墅是一座规模宏大的行宫离园，其规模虽不及中国的圆明园，但它在久远的古罗马文明中独树一帜，一直是后世意大利花园风格的典范，称得上罗马的"万园之园"了。

精妙绝伦的拙政园

■ 富庶的江南山水秀丽，人文荟萃。我国古代许多著名的私家园林大都集中在无锡、苏州、镇江和扬州一带，所以许多人也将这些精巧优美的私家园林称作"江南园林"。

苏州的私家园林是江南园林中的杰出代表，而拙政园又是苏州园林中的精萃之作。

拙政园坐落在苏州城的东北面，这个占地面积约4万平方米的园

● 美如画的拙政园

子，本来是明朝御史王献臣的私家宅园。王献臣在仕途上失意后，弃官回到老家，买下这块地，在明正德年间（1506—1521年）建成了如今名扬天下的拙政园。

500多年来，拙政园曾多次改建。今天我们所看到的拙政园，大体为清末的规模。

拙政园分为中、西、东三个部分，其中中园是全园最精彩的部分。

拙政园的原址本来是一片低洼地，常年积水。中园便以这水池为中心，建有山石亭榭，植有花竹林木，清俊雅致，充满诗情画意。有人说，"江南园林占地条件再差，往往也可借几株花木、一块湖石装点出其自然的趣味。"中园便属于此中的成功之作。

中园的水面占 1/3，水池中有两座小山，山上除林木、怪石外，还有两个遥遥相对的小亭。两座小山中间有一座小桥相连。靠西面的小山连着一个小岛，岛上有一个小亭，叫"荷风四面亭"。炎热的夏天，在此欣赏满池的荷花，清风徐来，暗香浮动，一定叫人心旷神怡，暑气全消。

水池的南岸，有拙政园中的主要建筑"远香堂"，这是园内现存最大的一座明朝建筑。远香堂是主人宴请宾客的地方，由于这里能临池赏荷，便取宋代理学家周敦颐《爱莲说》中"香远益清"这句话的意思作为堂名。

● 拙政园的亭阁

为了便于赏景，远香堂四周没有墙壁，而是装设了精致玲珑的长窗。远香堂的南北两面都有平台池水，假山林立。堂的周围视野开阔，给人一种开朗、雅逸的感觉。

在远香堂旁，有一座王献臣当年作书房的建筑，叫"南轩"。在南轩的西边，有一座风格别致的建筑，叫"香洲"。香洲被专家们认为是明朝建筑中巧妙运用虚实对比手法的一个范例。

中园还有一个主要建筑，就是见山楼。见山楼与西南方向的小沧浪水院，构成巧妙的对景。对景是江南园林的一种独特的造园艺术手法，它能使两个相隔不太远的景点互相凭借，相映成趣。

在中园的东南角和西南角，有几个用高墙分隔的小院落，这些院落都各具特色，活泼别致。院内种枇杷处，叫"枇杷园"；种玉兰处，叫"玉兰堂"；种海棠处，叫"海棠春坞"。这些院落虽不大，但布局也很见匠心。如海棠春坞，院中以垂丝海棠和石峰造景为主题，而院内主建筑只用了一间半的形制，使院内空间相对增大，显得雅洁而富有生气。

拙政园西部的补园也以水面为中心。水池南岸的主要建筑是"三十六鸳鸯馆"和"十八曼陀罗花馆"。鸳鸯馆临池，池中原来有鸳鸯戏荷。曼陀罗花馆院内遍植曼陀罗花，一到花期，满院的曼陀罗花洁白如玉，清香扑鼻。

补园中有一扇形亭，叫"与谁同坐轩"，取自宋代文学家苏东坡的词句"与谁同坐？明月清风我"，意境清幽高洁。小亭的选址十分巧妙，它正好位于一个小岛的尽端，三面临水，一面背山，有很开阔的视野。人坐亭中，可以看到园中各处风景。

与谁同坐轩的对面是宜两亭，此亭是取唐朝诗人白居易"绿杨宜作两家春"的诗意而命名的。当年拙政园西部和中部分属两家，为了能接入中部的湖山景色，所以就在靠近围墙

● 拙政园的留听阁

的地方，建了这座高踞叠石之上的小亭。这是江南园林中运用借景手法的杰作。

补园西岸有一个阁，叫"留听阁"。阁前有一个平台，两面临池。阁名取自唐朝诗人李商隐的诗句"留得枯荷听雨声"。江南私家园林的主人，大都是古代在任或退隐的达官显贵，或是腰缠万贯的豪绅巨贾，他们大都具有较高的文化修养。从这些亭台楼阁的命名，可见一斑。

拙政园的归田园居，原是明朝侍郎王心一的住宅，园内有兰雪堂、竹香廊等胜景。后来历史变迁，此园在几百年里变得荒芜不堪。现在的归田园居是后来重建的，园内绿意盎然，池水清澈，假山拙朴，据说颇有当年的风貌。

"万园之园"——圆明园

圆明园是我国园林史上的艺术典范，也是世界上最瑰丽的宫苑建筑之一。它位于今北京西郊海淀附近，始建于清康熙四十八年（1709 年），后经雍正、乾隆、嘉庆、道光等多位皇帝扩建或修缮。

圆明园由圆明园、万春园、长春园三园组成，故又称"圆明三园"。周 10 余千米，占地 300 多万平方米。圆明园有 40 景，万春园有 30 景，长春园约有 30 景，建有很多楼、台、殿、阁、廊、榭、轩、馆。圆明园的很多名景都是模仿全国著名园林建造的，规模极为宏大，景色变化万千，被誉为"万园之园"。

圆明园的大宫门后是类似于天安门前金水桥的小桥，过桥是二宫门，进门便是"正大光明"殿。这是清帝朝会听政的地方，殿的东西

● 圆明园复原图

两侧有文武官员朝房。这一带的建筑形式很像故宫。殿后有前湖、后湖，后湖周围有 9 个小岛，"九州清晏"殿就在其中一个小岛上。它体现了清帝"一统九州，天下升平"的理念。前湖、后湖的东面有仿杭州西湖的"曲院风荷"。再往东就是园中最大的湖——福海。

福海的湖岸以 10 个岛围成，福海中有 3 个小岛，名为"蓬岛瑶台"。当年清帝常在福海行舟，节日里更是焰火四起，在湖面上交相辉映，情趣倍增。园的西北角还有"安佑宫"，殿中供奉着清朝皇室列祖列宗的灵位。殿前原有华表两对，现在一对在北大校园内，另一对在北京图书馆内。今天，人们仍能欣赏到它精细的雕刻工艺。园中还有湖上筑室，冬暖夏凉，叫"万方安和"。万方安和之北，有一处仿陶渊明《桃花源记》而建的景色，名叫"武陵春色"，这里山桃万株，参错林麓，落英缤纷，浮于水面。种种景致，难尽细述。

从福海向东，穿过围墙，就是长春园。这个园是中西合璧式的，它的秀丽风景和雄伟建筑独具一格。如园中著名的"狮子林"16 景，是乾隆下江南时，命人将苏州狮子林描绘下来后仿建的。它的假山全由青石堆成，今天还能看到青石山的遗迹。园北有一组极其壮观的西洋楼，西方建筑艺术进入宫廷也是从此时开始。早在康熙、乾隆年间，就有一批教会传教士在宫廷供职，如意大利人朗世宁、法国人蒋友仁等，他们参加了西洋楼的设计工作。当年的西洋楼，全以汉白玉、艾叶青石砌成；墙身是西式的，房顶则采用中国所特有的琉璃瓦。从现在残留的遗迹里还可以大致看出它那雄伟的建筑和精细的雕刻。这里是三园残迹遗留下来最多的地方。

过长春园向南走，就是万春园。此园在同治皇帝之前称"绮春园"，清朝历代将这里作为皇太后的住处。万春园既不同于圆明园的富丽堂皇，也不同于长春园的雄伟挺秀，它有着放浪自如的风格。著名风景有"四宜书屋""凤麟洲"等。园内"正觉寺"至今犹存，是三园劫后唯一幸存的建筑物。

全盛时期的圆明三园，除了绮丽的风光和壮丽的建筑以外，尚有无数名贵花木、历代珍藏的名人书画和典籍文物等，集中了我国古代文化的精华。

对于圆明园的美，作家雨果这样写道："在地球上某个地方，曾经有一个世界奇迹，它的名字叫"圆明园"。艺术有两个原则——理念和梦幻。理念产生了西方艺术，梦幻产生了东方艺术，如同帕特农神庙是理念艺术的代表一样，圆明园是梦幻艺术的代表，它汇集了一个民族的几乎是超人类的想象力所创造的全部成果。与帕特农神庙不同的是，圆明园不但是一个绝无仅有、举世无双的杰作，而且堪称梦幻艺术之崇高典范——如果梦幻可以有典范的话，

● 圆明园遗迹

你可以去想象一个你无法用语言描绘的仙境般的建设，那就是圆明园。"

规模如此巨大的名园，却在咸丰十年（1860年）被英法联军焚毁了，大量的珍贵文物被洗劫一空。对此，雨果进行了辛辣的控诉："有一天，两个强盗闯进了圆明园。一个强盗洗劫，另一个强盗放火。似乎得胜之后，便可以动手行窃了。他们对圆明园进行了大规模的劫掠，赃物由两个胜利者均分。……我们所有大教堂的财宝加在一起，也许还抵不上东方这座了不起的富丽堂皇的博物馆。那儿不仅仅有艺术珍品，还有大堆的金银制品。丰功伟绩！收获巨大！两个胜利者，一个塞满了腰包，这是看得见的，另一个装满了箱箧。他们手挽手，笑嘻嘻地回到欧洲。这就是这两个强盗的故事。"

现在圆明园管理处已经成立，工作人员把散失在北京各处的圆明园石刻、石雕收集起来，放回原来的位置，为遗址增加不少

景色。

现在，园内进行了大量绿化工作，前后共种植了几十万株树木，而今已绿树成荫。山川地貌依旧，历史遗迹尚存，前来观赏、凭吊的游人，抚今追昔，会产生无限的遐想。

奇形怪状的米拉公寓

在西班牙巴塞罗那帕塞奥·德格拉西亚大街上，坐落着一幢纯粹现代风格的楼房——米拉公寓，它以造型怪异而闻名于世。公寓于1906年动工，历时6年方告完成，由西班牙建筑师安东尼奥·高迪专门为实业家佩德罗·米拉设计建筑的。

佩德罗·米拉是个富有的实业家，他和妻子参观了巴特略公寓后羡慕不已，决定造一座更加令人叹为观止的建

● 米拉公寓外景

筑。米拉找到了高迪，请他来设计、建造，并答应给他充分的创作自由。

工程热火朝天地展开了，但米拉却没有看见任何图纸或设计方案。终于有一天，高迪从口袋里摸出一张揉得皱巴巴的纸片，冲着米拉说："这就是我的公寓设计方案！"他得意地搓着双手，对米拉说："这房子的奇特造型将与巴塞罗那四周千姿百态的群山相呼应。"米拉开始怀疑自己对高迪的允诺是否欠考虑，而高迪却若无其事地微笑着。

● 米拉公寓内景

米拉公寓位于街道转角，地面以上共 6 层，这座建筑的墙面凹凸不平，屋檐和屋脊有高有低，整个外形如波浪，富有动感。公寓的阳台栏杆由扭曲回绕的铁条和铁板构成，如同挂在岩体上的一簇簇海草。公寓屋顶上有 6 个大尖顶和若干小的突出物体，其造型有的像披着盔甲的军士，有的像神话中的怪兽，有的像教堂的大钟。其实，这是特殊形状的烟囱和通风管道。公寓的平面布置也不同一般，墙线曲折弯扭，房间的平面形状也几乎全是"离方遁圆"，没有一处是矩形。

高迪在建筑艺术创新中是勇于开辟新道路的人，他以浪漫主义的幻想极力使塑性艺术渗透到三度空间的建筑中去。在米拉公寓设计中，他发挥想象力，精心去探索他独创的塑性建筑。

总之，米拉公寓里里外外都显得非常怪异，甚至有些荒诞不经。但高迪却认为，这是他建造得最好的房子，因为那是"用自然主义手法在建筑上体现浪漫主义和反传统精神最有说服力的作品"。

巧夺天工的流水别墅

■　在联合国教科文组织的《世界遗产名录》中，流水别墅赫然在列，堪称现代建筑的经典。其设计师赖特是举世公认的 20 世纪伟大的建筑师、艺术家，曾被誉为"20 世纪的米开朗琪罗"。流水别墅从选址到建成历时 3 年，建在美国匹兹堡市附近一个绿树环绕、流水潺潺、景色幽美的地方。与一般的别墅不同，房屋最奇妙之处是大部分竟然空悬在瀑布之上。整个别墅就如同岩石般生长在溪流之上。自然与建筑浑然一体，互相映衬，构造出美轮美奂的、令人叹为观止的境界。

流水别墅是赖特为富翁考夫曼设计和建造的。考夫曼原来只是想把别墅建在空气清新的山林中，让别墅对着一道晶莹流泻的瀑布。但赖特在仔细勘察过周围环境后，经过 6 个月的苦思冥想，突然灵光闪

● 流水别墅

现，竟然提出一个惊世骇俗的构想——将别墅凌空建于溪流和瀑布之上。为了实现这超凡脱俗的构想，赖特在流水别墅的设计和施工中付出了极大的心血。在别墅建成以后，工人们甚至还不敢确信这难以想象的房子竟然真的完成了。

别墅在设计上表现出动与静的对立统一。3 层平台错落有致、飞腾跃起，赋予了建筑最大程度的动感与张力。各层有的地方围以石墙，有的是玻璃，每一层都是一边与山石连接，另外几边悬伸在空中。各层大小、形状、伸展的方向都不相同，主要的一层几乎是一个完整的大房间，有小阶梯与下面的水池相连。正面的窗台与天棚之间，由金属窗框的大玻璃墙围隔。别墅在建筑色彩的调配上，也与周围环境的色彩十分协调。3 层平台是明亮的杏黄色，鲜亮光洁，竖直的石墙是粗犷的灰色，幽暗沉静，红色的窗框配以透亮的玻璃，这一切都映衬在潺潺流淌的水流之上。在阳光或月色的光影舞动中，在树叶与山石的掩映下，动与静、光与影、虚与实、垂直

与水平、光滑与粗糙、沉稳与飘逸，构成了强烈的对比，令人神清气朗，赏心悦目。

别墅的内部空间处理也独具匠心。赖特把起居室作为内部的核心。进入室内要先经过一段狭小而昏暗的有顶棚的门廊，然后触摸着主楼梯粗犷的石壁拾级而上，才可进入起居室。起居室是由中心空间的4根支柱所支撑，中心部分更以略高的天花板和中央照明突出其空间区域。赖特在设计的时候，有意把室内空间和外部的自然巧妙结合，使自然景致和人工设置和谐地搭配起来。在读书区，阳光透过玻璃，将室内照耀得明亮轩阔，而会客区则用一片天然岩石做成壁炉，再配以看似没有太多人工雕琢的器具，营造出朴实天然的原始情调，构造出一个十分宜人、优雅的休闲空间。有一棵大树也被保留下来，穿越建筑，伸向天空。而由起居室通到下方溪流的楼梯，是内、外部空间不可缺少的媒介，它使得人工建筑与自然景物完美结合。

赖特对自然光线的巧妙掌握，使内部空间仿佛充满了盎然生机。光线流动于起居空间的东、西、南三侧。最明亮的部分，光线从天窗泻下，一直通往建筑物下方溪流处狭隘的楼梯。东、西、北侧几乎呈合围状的凹室，则相对较为昏暗，使得房间既幽静沉实又灵动飘逸。

赖特既运用新材料和新结构，又始终重视发挥传统建筑材料的优点。在材料的使用上，流水别墅主要使用白色的混凝土和栗色毛石。水平向的白色混凝土平台与自然的岩石相呼应，而栗色的毛石就是从周围山林搜集而来，有着"与生俱来"、自然质朴和野趣的意味。所有的支柱都是粗犷的岩石。石的水平性与支柱的直立性产生一种鲜明的对抗，而地坪使用的岩石似乎出奇地沉重，尤以悬挑的阳台为最。而这与室外的自然山石极为契合，让人感觉室内空间透过巨大的水平阳台延伸到室外的自然空间中了。

　　赖特运用几何构图，在空间的处理、体量的组合及与环境的结合上均取得了极大的成功，使得内外空间互相交融，浑然一体，为有机建筑理论作了确切的注释。流水别墅可以说是一种以正反相对的力量在巧妙的均衡中组构而成的建筑，并充分利用了现代建筑材料与技术的性能，以一种非常独特的方式实现了古老的建筑与自然高度结合的建筑梦想，为后来的建筑师提供了许多灵感。

　　正如赖特所说："我努力使住宅具有一种协调的感觉，一种结合的感觉，使它成为环境的一部分。它像与自然有机结合的植物一样，从地上长出来，迎接太阳。"

RENLEI JIANZHUSHI SHANG WEIDA DE QIJI

· 陵墓地宫 ·

胡夫金字塔

● 胡夫金字塔全景

在吉萨三大金字塔中，胡夫金字塔以其严密的结构，宏大壮观的规模而闻名于世。关于胡夫金字塔的建筑方法，古埃及人没有留下任何记载。考古学家只是发现了杠杆、滑轮、石锤和铜凿，而无任何其他的辅助工具，致使现代的工程师对古埃及人的建筑技术也感到吃惊。

胡夫金字塔大约由 230 万块石块砌成，外层石块约 11.5 万块，平均每块重 2.5 吨，像一辆小汽车那样大，而大的甚至超过 15 吨。

这么多石块是从哪里来的呢？有人认为吉萨附近就可以供应大部分。采石场在大金字塔建筑地点南面，约有 1500 名采石工人在那里工作。由于铜是古埃及人当时掌握的最硬的金属，因此每名采石工人配有一把铜凿。他们用铜凿将巨石凿开小孔，打入木楔，并在上面浇水，木楔浸水膨胀的力量就可以将石块胀裂。但铜凿敲击数十下后就会变钝，因此需要另一组人用火将钝凿软化，磨利后过水降温，以便石匠们再次使用。

　　法国一位工业化学家，从化学和微观的角度对金字塔进行了研究，他认为，这些石块并不是浑然一体的，而是石灰、岩石、贝壳等物质的黏合物。因为使用的黏合剂有很强的凝固力，所以人们几乎无法分辨出它到底是天然石块还是人工石块。但这种杰出的黏合剂，不仅在古籍中没有记载，而且这位化学家用现代化的手段也没有分析出来。

　　那么这些搬运到工地的大石块又是如何砌垒成金字塔的呢？根据希罗多德的记载，是用杠杆把一块块石块搬上去的。而现代埃及学家推测古埃及人用的是"斜面上升法"，即用麻绳从采石场牵引移动石块到场地，再在金字塔的每一阶层的每一边上筑起一个高的斜坡通路运送石块；也有人主张仅在金字塔的一个侧面采用更简便的梯形斜面的方法。

● 胡夫金字塔入口

　　有人认为，在修建金字塔的过程中，古埃及人可能是利用风筝将大量巨石运上金字塔顶端的，并且还特意邀请了几位航空工程专家对自己的理论进行验证。工程专家们根据数学原理设计了一个由尼龙绳和滑轮组成的提升重物系统，其中每个滑轮可以运载的货物重量都是一只风筝载重的 4 倍。专家经过测试发现，风力若为 24

千米/小时，一只风筝的运载重量为 3.5 吨。这一测试在一个大沙漠里进行，最终每只风筝的运载量大约为 4 吨。不过，要想让风筝顺利地将巨石运上金字塔，当时的风力必须非常合适。可以肯定的是，风筝完全可以在风力的作用下将巨大的石块运上金字塔，而一次所花费的时间仅为 25 秒钟。

至于建筑金字塔的人力，如今也很难确定。有一种说法是，修建胡夫金字塔一共用了 30 年时间，每年用工 10 万人。金字塔一方面体现了古埃及人民的智慧与创造力，另一方面也成为法老专制统治的见证。

关于金字塔的劳动者，有专家提出既有季节性的劳动者，又有长期性的劳动者。至于这些劳动者的成分，也没有必要把它完全归于农民。埃及的农民向国家尽义务，能够参加建筑劳动，但多是从事沉重的劳动，不可能在长期性的劳动队伍中。因此，建筑队长期性的劳动者主要是训练有素的手工业者，即工匠。

一名法国建筑师利用三维技术制作的计算机模拟图形显示，运送石材的通道在金字塔内部，距离金字塔外墙 10～15 米。

为了证实自己的想法，他与一家从事汽车与飞机三维图形设计的大公司合作，组建了一个由 14 名工程师组成的研究小组，花了 2 年时间制作三维图形。

研究发现，建造一个外侧土坡工程浩大，所需土方足以建造一座胡夫金字塔，并且随着工程进展，外侧土坡会过于陡峭，给施工带来困难。而建造螺旋状的外侧土坡可能影响建造

● 狮身人面像与胡夫金字塔

金字塔的精确性，而且在施工中容易松动，并且无法留出足够的空间用于后期建设。他认为，建造金字塔时的确需要建一个外侧土坡，但土坡仅用于修建一个 43 米的底座，之后不用继续增高。根据他的发现，建造整个胡夫金字塔仅需要 4000 人，而并非此前专家学者所说的 10 万人。

由于在胡夫金字塔中并没有发现胡夫的木乃伊，所以它作为陵墓的说法受到了一定的质疑。因此，围绕胡夫金字塔的修建及功能出现了许多奇谈怪论，给它抹上了一层更加神秘的色彩。

世界最大的地下皇陵——秦始皇陵

秦始皇陵位于西安市以东 35 千米的临潼区境内，它南倚骊山的层层叠嶂，山林葱郁；北临逶迤曲转、似银蛇横卧的渭水。高大的封冢在巍巍峰峦环抱之中与骊山浑然一体，景色优美。陵墓规模宏大，气势雄伟。

● 秦始皇陵地宫模拟图

"秦王扫六合，虎视何雄哉……刑徒七十万，起土骊山隈。"这脍炙人口的诗句出自大诗人李白笔下，它讴歌了秦始皇的辉煌业绩，描述了营造骊山墓工程的浩大气势。的确，陵园工程之浩大、用工人数之多、持续时间之久都是前所未有的。

陵园工程的修建伴随着秦始皇一生的政治生涯。他即位后不久，陵园营建工程就开始了。陵园工程修造了 30 多年，至秦始皇临终之际还未竣工，秦二世即位后，又修建了一年多才基本完工。

据史书记载，当时的丞相李斯为陵墓的设计者，由大将军章邯监工，共征集了72万人力。

纵观陵园工程，前后可分为3个施工阶段。自嬴政即位到统一全国的26年为陵园工程的初期阶段。这一阶段先后展开了陵园工程的设计和主体工程的施工，初步奠定了陵园工程的规模和基本格局。从统一全国到秦始皇三十五年为陵园工程的大规模修建时期。经过数十万人9年来大规模的修建，基本完成了陵园的主体工程。自秦始皇三十五年到秦二世二年冬为工程的最后阶段。这一阶段主要从事陵园的收尾工程与覆土任务。尽管陵墓工程历时如此之久，整个工程仍然没有完全竣工。当时历史上爆发了一次波澜壮阔的农民起义，陈胜、吴广的部下周文率兵迅速打到了陵园附近。面临大军压境、威逼咸阳之势，秦二世这位未经风雨锻炼的新皇帝惊慌失措，至此尚未完全竣工的陵园工程才不得不终止。

总之，陵园工程由选址设计、施工营造到最后被迫终止，前后长达39年之久，在我国陵寝修建史上名列榜首，其修建的时间比埃及胡夫金字塔还要长9年。

秦始皇陵巨大的规模、丰富的陪葬品居历代帝王陵之首，它是我国乃至世界最大的皇帝陵。陵园按照秦始皇死后照样享受荣华富贵的原则，仿照秦国都城咸

● 秦始皇陵全景

阳的布局建造，大体呈回字形，陵墓周围筑有内外两重城垣，陵园内城垣周长3870米，外城垣周长6210米，陵区内目前探明的大型

地面建筑为寝殿、便殿、园寺吏舍等遗址。据史载，秦始皇陵陵区分陵园区和从葬区两部分。陵园由内外两重城垣围就，封土呈四方锥形。秦始皇陵的封土形成了三级阶梯，呈覆斗状，底部近似方形。原来，封土底面积约 25 万平方米，高 115 米，但由于经历2000 多年的风雨侵蚀和人为破坏，现封土底面积约为 12 万平方米，高度也与之前相差甚远。整座陵区总面积为 56.25 平方千米。建筑材料是从湖北、四川等地运来的。为了防止河流冲刷陵墓，秦始皇还下令将南北向的水流改成东西向。

秦王朝是中国历史上辉煌的一页，秦始皇陵更集中了秦王朝文明的伟大成就。秦始皇陵地下宫殿是陵墓建筑的核心部分，位于封土堆之下。据《史记·秦始皇本纪》记载，陵墓一直挖到地下的泉水，用铜加固基座，上面放着棺材……墓室里面放满了奇珍异宝。墓室内的要道机关装着带有利箭的弓弩，盗墓的人一靠近就会被射死。墓室里还注满水银，象征江河湖海；墓顶镶着夜明珠，象征日月星辰；墓里用鱼油燃灯，以求长明不灭。

陵园以封土堆为中心，四周陪葬品分布广泛，内涵丰富，规模空前。除闻名遐迩的兵马俑陪葬坑、铜车马坑之外，又发现了大型石质铠甲坑、百戏俑坑、文官俑坑以及陪葬墓等。数十年来，秦始皇陵出土了包括秦兵马俑在内的珍贵文物 5 万余件。

兵马俑坑是秦始皇陵的陪葬坑，位于陵园东侧 1500 米处，1974年春被当地打井的农民发现。由此埋葬在地下2000 多年的宝藏得以

● 秦始皇陵兵马俑

面世。兵马俑坑为研究秦朝时期的军事、政治、经济、文化、科学技术等，提供了十分珍贵的实物资料，成为世界人类文化的宝贵财富。兵马俑坑现已发掘 3 座，俑坑坐西向东，呈"品"字形排列，坑内有陶俑、陶马和青铜兵器等。

秦始皇陵是世界上规模最大、结构最奇特、内涵最丰富的帝王陵墓。秦始皇陵兵马俑是可以同埃及金字塔和古希腊雕塑相媲美的宝贵财富。它们充分表现了 2000 多年前中国人民巧夺天工的艺术才能，是中华民族的骄傲。法国前总统希拉克赞誉它为"世界第八大奇迹"。

爱的纪念碑——泰姬陵

■ 泰姬陵是莫卧儿帝国最杰出的建筑物，号称"印度的珍珠"。它倒映在庭院中央水池中的形象，高雅清丽、纯净和谐，充满了梦幻色彩。

泰姬陵是世界上最动人心魄的奇观之一。据说，为了建造这座陵墓，曾动用 2 万多名役工，他们每天工作 24 小时，历时 22 年。它的兴建还有一个缠绵悱恻的动人故事。

● 泰姬陵远景

泰姬陵是沙贾汗皇帝为了纪念其妻蒙泰姬而建造的墓。它见证了一个男子对一个女子的深情厚爱，是浪漫爱情的象征。沙贾汗是印度的莫卧儿帝国的第五位皇帝。据说他是"蒙古征服者"帖木儿的后代。他既是有名的艺术爱好者，又是伟大的建筑师。在他统治期间，莫卧儿帝国在政治及文化上皆处于巅峰时期。15 岁时，还是王子的沙贾汗爱上了首相的女儿贝格姆。她那时 14 岁，美丽聪颖，而且出身名门，与沙贾汗十分般配。1612 年，沙贾汗终于迎娶了贝格姆。婚后，贝格姆改名为"玛哈尔"（意为"王宫钦选的人"）。

玛哈尔和沙贾汗婚后一起生活了 19 年，两人情投意合，极其恩爱。1631 年，沙贾汗率军前往南方戡乱，他美丽的玛哈尔皇后虽已怀孕，但还是像往常一样陪伴他。可是途中出了不幸的事。他们在布罕普扎营时，她因难产而死。临终时沙贾汗问爱妻有什么遗愿，她除了要求他好好抚养 14 个孩子、终身不再娶外，还要他建造一座举世无双且能与她的容貌相媲美的陵墓。沙贾汗满口应允，这就是泰姬陵的由来。

沙贾汗回到都城后，选定亚穆纳河畔的一块土地来建造爱妻的陵墓。因为陵墓建在这里，他从皇宫的窗口就可以望见妻子的陵墓，这样，他就能一直陪伴着妻子了。沙贾汗在国内广招能工巧匠，而且还从其他国家请来名匠高手参与设计和施工。据说陵墓主要的设计师是来自土耳其的乌斯塔德·伊萨。他先设计了好几个图样，并一一按比例用木头做成模型，然后由皇帝选定。

沙贾汗本来还计划用黑色大理石为自己建造一座和泰姬陵一模一样的陵寝，但这理想未能实现。1658 年，他的儿子篡位，他成了俘虏，被监禁在自己的宫中。他在这个牢笼里被囚禁了 8 年，每天只能隔着亚穆纳河凝望爱妻的墓。卫士们发现，他在 74 岁死去时，两眼仍然睁着，像在凝望泰姬陵上闪烁的光芒。

泰姬陵没有通常墓穴所具有的那种阴森威严、令人胆寒的气氛，而是清新明快、恬静雅致。这正反映了沙贾汗的意愿：他要爱妻继续享受人间的安乐富贵。

泰姬陵矗立在印度新德里东南的阿格拉近郊。它继承了左右对称、整体和谐的莫卧儿建筑传统风格，在建筑艺术上达到了登峰造极的地步。整个陵区是一个长方形围院，长 576 米，宽 293 米，由前而后，又分为一个较小的长方形花园和一个很大的方形花园，都取中轴对称的布局。整个陵园占地 17 万平方米。

步入正面第一道门，是一个长 161 米、宽 123 米的花园，里面绿草菲菲，嘉木垂荫，使人顿时忘记了炎炎烈日，从而进入幽远宁静的佳境。

再往前走，迎来了第二道大门，人们在第二道大门前就可以从拱形门洞里看到远处正前方的陵墓。它那纯净明丽的线条和雍容华贵的气势，会使你一下子受到某种难以言喻的震撼，令你凝视良久，不忍他顾。从第二道大门到陵墓，是一条用红石铺成的道路，两边是人行道，中间有一个狭长的十字形水池。水池两旁整齐地栽种着深绿色的柏树。蕾状圆顶高耸入云，与拱门及 4 座尖塔相互辉映。

● 泰姬陵内景

整个陵墓是用洁白的大理石砌成的。陵墓修建在 96 米见方、5.5 米高的石台基上。基座正中是陵墓主体，每边长 56.7 米，有 4 座高耸的大门，门框上用黑色大理石镶嵌了半部《古兰经》经文。寝宫居中，上面是一个状似大半个球形的高大饱满的穹顶，直径约 18 米。穹顶顶部隆起一个尖顶，直指空阔的蓝天。下部为八角形陵壁。陵墓四周有4座约40米高的圆形尖塔，为防止倾倒后压坏陵体，塔身均稍外倾。这4座圆形尖塔立在基座平台的四角，仿佛是陵墓的卫士，永远恭顺而尽职地守卫在墓旁。

整个陵墓的设计，体现了"天圆地方"的概念。基座是方的，陵墓下部也是方的，给人一种博大、端正和肃穆的感觉。高耸的长方形大门，居高临下，雄视四方，体现了恢宏的气势。大门的上部是圆弧形的门楣，它使四四方方的下部产生了柔和之感。经过它们的过渡，陵墓上方的穹顶，好似一个圆球悄然升起一大半，给人一种圆润和谐的美感。穹顶四周的4个小圆顶同大圆顶交相辉映，具有一种匀称的美。有了它们，尽管主顶高耸，也不给人突兀、单调之感。基座四周的4座细瘦的尖塔，既突出了陵墓稳居正中的地位，又加强了整个陵墓巍巍上云霄、一览众物小的帝王气派。整个陵墓是一个和谐、完美的整体，而其上上下下浑然一体的白色大理石的银辉，更使它显得高雅纯洁，富有女性的柔美。

● 泰姬陵内景

走近陵墓，可以看到陵体的大理石上镶嵌着许多宝石美玉，并且组成了美丽的图案，晶莹夺目，仿佛是美女的首饰。陵墓内部用纯白大理石建造，表面主要运用金、银、彩色大理石或宝石镶嵌进行装饰，窗棂是大理石透雕，精美华丽至极。装饰的题材多是植物或几何图案。

陵墓环境极为单纯，碧水、绿草和蓝天衬托着白玉无瑕的大理石陵墓，圣洁而静穆。陵墓左右各有一座用红砂岩建造的建筑，起对比点缀作用。陵墓是运用多样统一造型规律的典范：大穹隆和大龛是它的构图统率中心；大小不同的穹顶、尖拱龛，形象相近或相同；横向台基把诸多体量联系起来，且建筑内外全为白色，这些造就了强烈的整体感。而在诸元素的大小、虚实、方向和比例方面又有着恰当的安排，使建筑本身统一而不流于单调，有着神话般的魅力。

泰姬陵有所创新的地方在于：过去的陵墓一般都是建在四分式庭院的中央部位，而泰姬陵则建在四分式庭院的里侧，背靠亚穆纳河，陵墓前视野开阔，没有任何遮拦。陵墓两边是同样形状的红砂岩建筑，面向陵墓而立。呈几何状对称关系，陵墓被恰到好处地烘托出来。

陵墓内的镶嵌装饰，更是精美绝伦。陵墓中央有个八角形小室，安放着沙贾汗及其爱妃的衣冠冢，四周围着镶宝石的大理石屏风。柔和的光线透过格子窗，把周遭华丽的宝石映照得闪闪发光。

● 泰姬陵主殿

在短短二十几年内完成如此宏伟的建筑，真是令人叹为观止。沙贾汗的成功，有赖于莫卧儿帝国丰富的资源，包括 2 万多名劳工以及来自几百千米外采石场的大理石，甚至还有其他国家的孔雀石、绿松石等。可以说，泰姬陵这座历史悠久的建筑，是石匠、镶嵌工艺师以及其他手工艺者智慧的结晶。

在泰姬陵陵园第二道门门额上，镌刻着"请心地纯洁的人进入这座天国的花园"铭文。的确，纯白的陵墓配以大片碧绿如茵的草地，加上周围几座作为陪衬的红砂石建筑，给人的感受确实是简洁明净、清新典雅，难怪泰姬陵获得了"大理石之梦""白色大理石交响乐"的美誉。在阳光的映照下，泰姬陵更加耀眼夺目。尤其在破晓或黄昏，泰姬陵透出万紫千红的光芒，再添一抹金色，色彩时浓时淡；在晨曦中，泰姬陵犹如飘浮于彩云间。据说，月圆之夜是泰姬陵最美的时刻，那时，一切雕饰都隐没了，只留下了沐浴在月色之下朦胧的倩影。

有位诗人说，这座宫殿"掩映在空气和谐一致的面纱里"，它的穹顶"闪闪发亮，像面镜子，里面是太阳，外面是月亮"。它一天之中呈现 3 种颜色：拂晓是蓝色，中午是白色，黄昏则是天空一样的黄色。这样的建筑简直可以说是一种完美的存在。总之，陵园的构思和布局是一个完美无比的整体，它充分体现了伊斯兰建筑艺术的庄严肃穆、气势宏伟。在 2007 年评定的"世界新七大奇迹"中，它占有一席之地。

古代世界七大奇观之摩索拉斯陵墓

摩索拉斯陵墓坐落在哈利卡纳苏（在今土耳其）。整座陵墓散发着一种神秘的气息，至今仍流传着许多有关它的传说。陵墓的主人是小亚细亚加里亚国王摩索拉斯（？—公元前 353 年）。加里亚是当时的一个小国，受波斯帝国的统治。公元前 395 年，摩索拉斯国王下令动工兴建自己的陵墓，然而直到公元前 353 年国王驾崩时，陵墓却依然未完工。王后阿耳忒弥西娅继承了摩索拉斯国王的未竟事业，直到公元前 351 年陵墓才竣工。

这座陵墓是由摩索拉斯国王命令当时最杰出的建筑家萨蒂洛斯和皮塞奥斯为自己修建的，石材是来自帕罗斯岛的雕饰华丽的白色大理石，堪称希腊古典时代晚期陵墓方面最有名的建筑。

陵墓是一座神庙风格的建筑物，造型并不十分完美，但规模特别宏大。整座建筑由 3 部分组成。底部是近似于方形的高大台基，高达 19 米，上平面长 39 米，宽 33 米，内有棺椁。台基之上竖立着一个由 36 根柱子构成的爱奥尼柱式的珍奇华丽的连拱廊，高 11 米。最上层是拱廊支撑着的金字塔形屋顶，由 24 级台阶构成，有人推测这一数字象征着摩索拉斯的执政年限。陵墓的顶饰是高达 4 米的摩索拉斯及其王后阿耳忒弥西娅乘车的塑像，四马战车疾驰如电掣，人物雕像惟妙惟肖，是世界艺术史上著名的早期写实肖像雕刻作品之一。这座陵墓向空中延伸 40 余米。抬头仰望，只见陵墓高耸入云，蔚为壮观，犹如悬在空中。有人说，摩索拉斯是效法埃及法老，去亲近太阳。

除了恢宏的外表之外，陵墓内部还有非常精美的装饰、雕塑，为这座宏伟的建筑物增添了不少光彩。这些杰作均出自当时著名的艺术家之手，包括斯科巴斯、利俄卡利斯和提摩西阿斯等。内室的 3 处

● 画笔下的摩索拉斯陵墓

浮雕装饰尤为引人注目：第一处表现的是马车，第二处是亚马孙族女战士和希腊人作战的情景，第三处是拉皮提人在和半人半马的怪物争斗。由于岁月的侵蚀，如今游人只能欣赏到浮雕中亚马孙族女战士和希腊人作战场景的残片，但仅此一点就足以令人想到这座宏大的陵墓建筑在当时有着怎样惊人的风貌。

古往今来，历代君王都期望为自己建造宏伟辉煌的陵墓，这早

已是司空见惯之举。但摩索拉斯充其量只是一个强大的波斯帝国任命的地方长官，为何要建一座只有埃及法老的金字塔才可与之媲美的安息之所呢？

有人对此作出了解释。摩索拉斯虽然在名分上低于波斯帝王，但他毕竟是一方之主，即便波斯帝王也要让他三分。况且他又是多么地怀念往昔埃卡多米尼迪王朝的凛凛雄风啊！尽管那已成为不可挽回的过去，但他每时每刻都在告诫自己：我是太阳神之子，我不能平庸！然而，他很清楚地知道自己不会在军事上取得卓越成就，也不可能成为杰出的诗人和哲学家。为了令别人对他的小国刮目相看，公元前4世纪，他将都城迁往新建的哈利卡纳苏，从此地中海岸边的一座美丽的城市崛起了。紧接着，他又下令在那里修建自己的陵墓，企图进一步展示自己的权力。

也有人说，这座巨大的陵墓是摩索拉斯与王后阿耳忒弥西娅爱情的见证。据说，这位王后是他的妹妹（兄妹婚姻大概是加里亚王国的既成传统，以防止王权旁落）。两人青梅竹马，感情甚笃，"在天愿为比翼鸟，在地愿为连理枝"，幻想着死后永不分离。摩索拉斯国王死后，王后阿耳忒弥西娅悲痛不已，肝肠寸断。她化悲痛为力量，独立执政并完成了丈夫的遗志。

然而，历史对人们的嘲弄始终没有停止。摩索拉斯不仅生前未能亲眼目睹耗尽心血建造的长眠之所，而且死后也极可能没有如愿地安葬在那座高大雄伟的陵墓里。英国考古学家查尔斯·牛顿在摩索拉斯陵墓内进行发掘工作期间，一直未弄清摩索拉斯的石棺究竟是在神像室里，还是放在建筑物地基内部的墓穴中。或许他真的没有被安葬在里面。

还有一个令人百思不得其解的问题是，为何将一座陵墓建在生气盎然的地中海城市的中心？对此，有人从古希腊人的价值观角度来解释。在古希腊的文化氛围里，这种坟墓并没有不体面与阴森之嫌。在古希腊人看来，死者的世界黑暗而寂静，出没着可怖的幽灵，人死后就会过着暗无天日的生活。解脱之法只有一个：尽可能地为自己赢得死后的荣誉，这样才能超越死亡，赋予生命永恒的意义。

兴许摩索拉斯国王就是这样做的，他也的确因此而名垂青史了。然而，他修建的陵墓却在15世纪前的一次大地震中受损。但人祸甚于天灾，陵墓最终彻底毁于人手。1402年，旺达尔人圣·乔万尼率领的骑兵征服了哈利卡纳苏，征服者对于这座异教徒的艺术之殿非但毫无仰慕之情，反而深恶痛绝。1494年，为了加固要塞，统治者们毫不留情地把陵墓当成了采石场，甚至连很小的碎片都被送进了石灰碾磨厂，用于大规模建造他们的堡垒。摩索拉斯的陵墓就这样渐渐被毁掉了。所幸有少量浮雕幸免于难，其中包括那件由大理石雕成的亚马孙族女战士的浮雕，现今仍保存在英国博物馆内供人们观瞻。

呼啸而过的历史之风会留住永恒吗？面对摩索拉斯陵墓的残砖碎瓦，不知人们会作何感想；面对褒贬不一的说法，不知人们会如何评断；面对各种似是而非的断言，人们期待着谜底最终被揭开。

RENLEI JIANZHUSHI SHANG WEIDA DE QIJI

·其他建筑·

索尔兹伯里巨石阵

● 索尔兹伯里巨石阵

在英格兰南部一望无际的索尔兹伯里平原上，孤零零地竖立着灰白石柱圆阵，远远望去，显得十分渺小、貌不惊人。只有走至近前时，这座巨石阵遗迹才显得神奇、壮观。千百年来，风霜雨雪在砂岩石块那些薄弱的地方，侵蚀成奇形怪状的孔洞和罅隙，显示出大自然力量的神奇。这个巨石阵约始建于公元前 2300 年，前后分 3 次相隔几个世纪建成。许多石柱仍在原地兀立不倒，石柱上 4000 多年前人工雕凿的痕迹依稀可辨，更显人类智慧的伟大。

这些巨形方石柱能在史前的直立大石遗迹中独树一帜，主要是因为只有这些大石柱经过人工雕凿，并且搭成了一个独特的结构式样。直立的石柱顶上放着互相连接的楣石，但它们并不只是一块四边笔直的石板，每块楣石上都小心凿出一定的弧度。这些楣石拼凑起来，使整个石阵合成一个圆形。直立石柱的中段较粗，形如许多古希腊庙宇的支柱，这显然是考虑到透视的效果，从下面仰望时，就觉得石柱都是笔直的。最内层那些楣石也凿成两头微尖的形状，同样也是考虑到透视的效果。

建筑物的结构与功能是紧密相连的，一座纪念性的建筑物在通常情况下都是建造者的意志和文化的体现。千百年来，无数人都想破解这一跟埃及金字塔一样的千古之谜。有人认为它是古罗马人为天神西拉建造的圣殿，有人认为它是丹麦人建造的用于举行典礼的地方，有人认为它是远古时代的天文观测仪器，有人说它是一台巨大的"电脑"，有人甚至说它是供外星人飞船起降的平台，更有学者干脆认为巨石是一种文化。古人敬仰巨石般的威猛，向往巨石般的牢固与结实，是古人对巨石的一种敬仰和尊重，是古人对心目中理想的完美垒砌……那么它究竟作何用处呢？

根据从巨石阵挖掘出的年代久远的一颗人类头骨，科学家判断，史前巨石建筑遗址在古代很可能是一个令人毛骨悚然的刑场。考古学家在这颗头颅的下颚上发现了一个细微的缺口，同时在第四颈椎上发现了明显的切痕，这表明曾有一把利剑将他的头颅齐刷刷地砍下。而且根据其单独的墓穴来看，他并非死于一场战争，而是被执行了死刑。

人们还曾在巨石阵及其周围发现了数具人类遗骸。1978年，一具完整的人类骨骼在围绕巨石阵周围的壕沟中被发现，这个男人是被像冰雹一样的燧石箭射死的。

由于遗址中巨大的石块和三石结构的特殊分布，每当日落时分，在岩石和周围的地面上都会显现出一些不同寻常的影子，组成各个同心圆的拱门全部都朝向太阳或星座。因此，还有一种观点认为，巨石阵最初很有可能是一个精密的天文观象台。在1000多年的时间里，经过十几代人之后，最后的建造者们对于这一建筑的建造初衷恐怕已经模糊了。因此，巨石阵很有可能从一个用于天文观测的场所逐渐演变成了一个纪念物或者祭祀，甚至行刑的地方。

最有意思的可能要数不列颠哥伦比亚大学的研究人员安东尼·皮克斯的解释了。经过多年的悉心分析，他认为巨石阵根本就是一个巨大的孕育器官的象征。

皮克斯说，在英国巨石阵建设的时代，生死对于建设者来说是头等大事，巨石阵是生命诞生的地方，是一个展望生命未来之地，没有死亡的位置。

皮克斯认为，巨石阵的内圈是由粗糙和光滑的石块、石柱组成，粗糙和光滑的岩石成双成对地布置在一起，象征父亲和母亲。而且如果从空中观察巨石阵的话，整个巨石阵就像一个孕育器官。古人建造巨石阵，是为了纪念"赐予生命和生活"的大地母亲。

1808 年，英国古文物学家霍尔爵士在巨石阵附近发现几座史前坟墓。霍尔还在附近找到了一个高大壮硕的男人的骸骨，冥器中有一把斧头、几把匕首及一些仪式用具，其中包括一根权杖，杖头是光滑的石头，另有用骨雕成的托板。

这些辉煌夺目、金光闪闪的冥器，加上巨石阵的特殊结构，使霍尔爵士及其同时代的考古学家都相信，这些技艺一定是由外族人带来的。甚至有的考古学家认为，从冥器来看，铜器时代的一小批外来侵略者曾经在当地定居过，并支使技艺较差的土著建立这座巨石阵。这些侵略者，可能来自荷马时代希腊本土的迈锡尼。墓中的一些珍贵物品，如彩陶串珠和镶金边的琥珀圆盘，证明他们直接与爱琴海一带并间接与埃及有过贸易往来。而且，巨石阵那种建造方法也同样被用在迈锡尼城的石门的建造上。那么，设计巨石阵的人就有可能是从地中海地区来的希腊远征军。

人们甚至还认为铜器时代的侵略者，可能来自以竖立石柱闻名的埃及。比如，卡纳克就有成千上万块平行排列的大石。那一带还有大量奇特的"战士"墓集中在一起。不过，卡纳克的大石是否也是铜器时代同一民族所建立，则仍有待查证。但是用碳-14年代测定法测出，巨石阵的年代远远早于迈锡尼时代。这似乎表明巨石阵不是出于突然从外而来的巨大力量，而是那个地区本身逐步繁荣的结果。

另外，前文提及的有金光闪闪的冥器的古墓，则比一般人所揣测的年代晚了许多。因此琥珀圆盘和彩陶串珠等舶来品，可能真的来自地中海地区。尤其是在公元前1900年左右以

● 鸟瞰索尔兹伯里巨石阵

后，资源与权势都集中在爱琴海地区的那段时期，就更有可能了。

巨石阵是个谜一样的遗迹，整个英伦地区还有其他类似的遗迹。它们有的是单独的一块石头，有的是巨石组成的石环，还有的是巨石构成的石室。这些巨大而高耸的石块，被竖立在荒野、山脚，甚至在过去的沼泽地区，而共同的特色是当地并不是石场，这些石块就如同金字塔的石块一样，是从远处迁运过来的。

自英国政府开始修复令人百思不得其解的史前巨石阵遗址起，巨石阵就渐渐成为英国最热门的旅游景点之一，让世界各地的参观者慕名而来。

在没有能力建筑高楼大厦的石器时代，古人为后人留下了这么多巨大的石头建筑遗迹，同时也留给了后人猜不透、想不明的千古之谜。

长城

城墙作为古代的一种防御性建筑，起源很早，但我国古代最著名的城墙，当首推万里长城。

万里长城位于我国北部，形成的年限较长。早在战国时期，各诸侯国为了自卫，就分别建造过长城，但比较分散。公元前221年秦始皇统一中国后，派大将蒙恬率领30万军队，把原来秦国、赵国和燕

● 长城远景

国在北部边界修建的城墙连接起来，并进一步扩建成了秦长城。秦长城西起临洮（今甘肃岷县），东到辽东。秦以后，汉朝统治者又加以扩建，向西延至玉门关，向东一直延至吉林。但是，秦、汉这两段长城由于年久失修，如今只剩下一些残迹了。我们现在看到的长城，实际上是明朝修建的。

明朝修长城是从明太祖洪武元年（1368年）开始的，在200余年间，大规模的修筑就有18次之多。明长城东起鸭绿江边，西至嘉峪关。

为了便于分段防守，明朝还将长城分属9个重镇，即辽东、蓟州、宣府、大同、山西、延绥、宁夏、固原和甘肃。为了加强防御，有些地区修筑了内长城和外长城。

长城经过很多地区，地理情况十分复杂，有黄土高原、沙漠地带、崇山峻岭、河流溪谷及海滨，因此长城的修建也因地制宜，就

地取材。秦汉长城，在黄土高原一带用土版筑或用未烧的砖坯筑，玉门关一带用沙砾与红柳或芦苇，层层压叠起来，山岩溪谷用木石建筑。明长城的形制趋于稳定，制砖技术也达到了一定的水平，于是长城均以砖、条石、块石以及版筑砌成。城墙截面多数呈梯形，上小下大，高度一般在 3～8 米，厚度视材料不同酌情而定。

长城的建筑主要有城墙、敌台、关口和烽火台等。城墙是主体，主要是用砖、石砌成。敌台建于城墙之上，有实心和空心两种，外形就像碉楼。实心敌台只能在顶部瞭望射击，而空心敌台底部可以住人，上部可用于战斗。敌台的间距常控制在火器、弓箭的有效射程之内，平时可方便联系，战时可互相策应，有较强的战斗功能。敌台的建筑方式是拱券结构。

关口常设在军事要冲或山势险峻地带，建筑方式也用拱券结构，只是跨度较大。为了加强纵深防卫，在关口四周通常设置营堡等，有的加建数道短城墙，如举世闻名的山海关、居庸关、嘉峪关、雁门关、娘子关就是如此。其中筑在两山夹峙中的雁门关是通往山西腹地的要关，四周不仅布置要镇、前哨，还增建大石墙 3 道，小石墙 25 道。

关口外或长城外的制高点山岗上，还有一种与敌台、城墙相呼应的建筑，即烽火台。这是一种用于传递军事情报的墩台式建筑，结构形式与城墙相仿。烽火台上备有不少柴草，遇突发敌情时，白天焚

● 长城近景

烟，夜则举火，层层传递消息，一直传到总台。总台再派人报战斗

指挥部，因此总台的位置十分重要。为了防范敌兵偷袭侵扰，总台四周还筑有高1.7米的矮墙。烽火台与敌台不同，一般只用顶部的雉堞和瞭望室，因此当烽火台的墩台全部做成实心时，士兵就利用绳梯上下。墩台中间有孔道井时，士兵就从孔道井中上下。这种用烟火传递军事情报的方法是中国古人的独创。

长城修建时的条件非常恶劣，交通也极不方便，修筑长城的施工方法也很落后，但工匠们还是发挥了聪明才智，采用了不少科学的方法，如运送石料上山时所采用的斜面、滚木、杠杆等方法，至今仍常被人们运用。

蒂亚瓦纳科遗址的太阳门

在印加人的圣湖的的喀喀湖东南约20千米处，有一个名为"蒂亚瓦纳科"的文化遗址（今玻利维亚境内，当时属印加帝国范畴）。在这座遗址上有大量精美的巨石建筑，其中一个叫"太阳门"。据说每年9月21日黎明的第一缕曙光，总是精确地从这道门中央射出。就是这样一道石门，被称为"世界考古史上最伟大的发现"之一，它究竟有什么神奇独特之处呢？

19世纪90年代，德国考古学家麦克斯·乌勒作为第一位研究安第斯古代进程的学者，

● 的的喀喀湖

开始在山区和太平洋沿岸的遗址进行挖掘，对发现的陶器和纺织品进行基本装饰图案的比较，并根据这些发现列出古印加发展的粗略

年表。后来，为了进行更深入的研究，乌勒来到离的的喀喀湖不远的一个遗址。在这里，他发现了许多巨石建筑，在这样的高原地带怎么会有规模如此宏大的建筑群？这令他十分好奇和惊讶，其中最让他震撼的是用一块长条巨石凿出的方形门洞。

这些规模宏大的建筑群后来被命名为"蒂亚瓦纳科遗址"，而那个方形门洞就是现在名扬世界的"太阳门"。

蒂亚瓦纳科遗址的所有巨大建筑物，都是用重达数吨、甚至重达百吨的巨石砌成的。石块精工琢磨，凹凸咬合，石块与石块之间不用任何黏合剂，却是合缝紧密。

在蒂亚瓦纳科遗址，保存最完整的是名叫"卡拉萨塞亚"的奇特建筑。它是用石头砌成的长方形台面，周围由坚固的围墙围起来，有阶梯通往地下的内院。巨大的石柱耸在地面上，组成气势雄伟的石林。这里还有许多形状奇异的巨大石像，有些学者认为，石像身上好像刻有许多天文标记或远古星空图案，其含义令人迷惑。

在卡拉萨塞亚庭院的南面，有一座占地数亩的阿卡帕拉金字塔，呈方形。金字塔设有巨大的台座和台阶，顶上还有一座古老的庙宇，雄伟壮观，气势不同凡响。

而在卡拉萨塞亚庭院的北边，巍然屹立着的就是闻名世界的"太阳门"。它高约3米，宽约4米，重约12吨，是用一整块巨大的石头雕制成的，石块中央凿有门洞。门楣上刻有花纹，中间刻有一个手握权杖、正面而立的神像，其头周围刻满放射状的线，线末端有动物的头。权杖两端装饰着在美洲象征太阳的鹰，此神无疑是太阳神。两旁各有3排神秘的动物，头戴锥形花冠，手握权杖，跪地面向中间的神。底部有排列整齐的人头，均睁大双目。太阳门上浮雕所具有的神秘色彩和复杂的寓意，体现了当时人对于宇宙现象的理解，其中包含了深奥的历法计数系统。这块巨石在发现时已残破，1908年经过整修后恢复旧貌。

15 世纪，印加帝国征服了这个地区。当时这里已经没有人烟，只有这些巨石建筑。传说蒂亚瓦纳科是一个神和巨人的民族在混沌之初建立起来的。关于蒂亚瓦纳科人（古印加是通过不断地兼并异族壮大的，因此蒂亚瓦纳科人笼统地可以算作古印加人，这一时期被历史学家称为前印加文化的蒂亚瓦纳科文化发展时期）及其文化，人们知之甚少。

但是考古学家利用碳-14 年代测定法测定了建筑的明确时间范围。从测定数据来看，蒂亚瓦纳科巨石建筑群始建于 1 世纪左右，之后几个世纪继续扩建。

由于蒂亚瓦纳科巨石建筑群所在的地方没有采石场，因此建造巨石建筑的石材必须到 5 千米以外的高山上去挖取。一般石块重数吨或数十吨，有的石块重达 200 吨。

当时根本没有起重机之类的先进工具，人们所使用的骆马负重能力也很差，仅依靠人力和极简单的原始工具来建造规模如此宏大的建筑群，比登天还难。有人估计，零散分布在的的喀喀湖畔的所有巨石建筑物的总工程，比修筑金字塔还要艰巨。有人进一步作出具体分析，认为当时生产力极为原始，要把上百吨的巨石从 5 千米外的采石场拖到指定地点，至少每吨要配备 65 人和数千米长的羊驼皮绳，这样算起来得有 26000 多人的一支庞大队伍。而要安顿这支大军的食宿，在这样一个荒凉的高原地带，几乎是不可能实现的。

另有不少人认为，当时人们是用平底驳船，沿着的的喀喀湖运送石料的。因为当时湖岸与卡拉萨塞亚地理位置接近，后来湖面降低才退到现在的位置。如果这一说法成立，那么使用的驳船要比后来的殖民者乘坐的船还要大好几倍，这在那时也是不可能的事。

西方有些人认为，以捕鱼和狩猎为主要谋生手段的蒂亚瓦纳科人，根本不可能在的的喀喀湖一带创造出辉煌的蒂亚瓦纳科文化，因此这是外星人创造的文明。

为什么要把建筑建在这么高的荒凉地带呢？其中的杰出代表太阳门是用来做什么的呢？

玻利维亚考古学家卡洛斯·庞塞·桑西内斯和阿根廷考古学家伊瓦拉·格拉索都认为，太阳门是宗教建筑。不过，前者认为蒂亚瓦纳科是当时举行宗教仪式的中心场所，太阳门是卡拉萨塞亚庭院的大门，门楣图案反映了宗

● 蒂亚瓦纳科遗址的太阳门

教仪式的场面。伊瓦拉·格拉索则认为，太阳门很可能是阿卡帕拉金字塔塔顶庙宇的一部分，因为把它看作凯旋门或庙宇的外大门，显得过于矮小，尤其是中间的门洞。

美国的历史学家艾·巴·托马斯认为，这里的建筑不是宗教活动场所，而是一个大商业中心、文化中心，阶梯通向之处是中央市场。至于太阳门上的浅浮雕，其辐射状的线条表示雨水，两旁的小型刻像朝着雨神走去，象征承认雨神的权威。

也有人认为，太阳门是一座天文台，垒成像古代足球门似的形态奇异的巨石，实际上是一种复杂的测时和确定季节的巧妙装置。从9月21日的第一缕曙光会精确地射入太阳门这点来看，太阳门上刻的是历法知识。

如果是这样，这些图案与符号是如何表达历法的？蒂亚瓦纳科人又是如何测算出9月21日太阳与太阳门的位置关系的？美国学者贝拉米与艾伦在《蒂亚瓦纳科的偶像》一书中，对这些符号作了

详细的描述，他们认为上面记载了大量的天文知识，并记载了27000 年前的天象。这些知识是建立在地球为圆形的观念上的，那么，当时的人又是如何知道地球是圆形的呢？这又是一个难以解答的难题。

惨遭厄运的巴米扬大佛

巴米扬位于阿富汗首都喀布尔西北，是巴米扬省的省会，巴米扬佛窟群就坐落在河北侧的断崖上。巴米扬佛像的艺术价值，反映了中亚古文明的光辉灿烂。佛像和壁画融合了印度的古典风格，又兼有希腊文化的痕迹。

据说，巴米扬大佛是由跟随亚历山大大帝前往

● 巴米扬大佛复原图

阿富汗的希腊艺术家的后裔完成的。巴米扬约有 750 个佛窟，远远望去，如同一个个黑洞洞的蜂窝镶嵌在岩壁上。佛窟中有很多精美的壁画，大多表现的是释迦牟尼的种种表情和形象，其中《太阳神图》和《弹琴图》是巴米扬壁画中的绝唱。巴米扬比较大的两座大佛傍山就地雕刻而成，两者相距约 400 米。西面的大佛是释迦牟尼的雕像，整座佛像高 53 米，身穿红色袈裟，脸和手都镀有纯金，面容慈祥；东面的大佛是伽蓝佛像，高约 37 米，身穿蓝色袈裟，脸和手也镀有金。这两座大佛的腋下都凿有暗洞，洞内有石阶直达佛顶，其上平台处可站百余人。

中国唐朝的高僧玄奘去天竺取经，就经过巴米扬。他的著作《大唐西域记》明确而翔实地记载了巴米扬的情况，是现存关于巴米扬大佛的最早的历史文献记载。书中写道："王城东北山阿有石佛立像，高百四五十尺……东有伽蓝，此国先王之所建也。"大概在玄奘游历巴米扬100年后，大佛便沦丧于频繁的战乱之中，加上自然的侵蚀，佛像早已残缺不全了。

巴米扬大佛的存在和败落反映了佛教在阿富汗的兴盛和衰败。6~7世纪，巴米扬地区佛教盛行。为了表示对释迦牟尼的虔诚，信徒们不断在岩壁上开凿佛窟。据说，不仅当地人，许多外国僧侣和商人也来到这里，并出资开凿佛窟，这样就形成了大小不一的700多个佛窟。随着阿富汗伊斯兰化，显赫一时的巴米扬佛教圣地就逐渐遭到不同程度的破坏。

● 巴米扬大佛被炸毁后的遗迹

令人遗憾的是，随着人类文明的发展，巴米扬大佛不仅没有得到更好的保护，反而遭到厄运。2001年3月，巴米扬大佛被彻底摧毁，昔日辉煌的佛教圣地永远消失了，成为人类历史上永远的遗憾。

奇琴伊察库库尔坎金字塔

■ 奇琴伊察玛雅城邦遗址位于墨西哥尤卡坦半岛北部，是玛雅古国最大、最繁华的城邦。奇琴伊察在玛雅语中的意思是"伊察人的井"。库库尔坎金字塔又称"城堡",是奇琴伊察主要古迹之一。

库库尔坎是玛雅语,意为"羽蛇神"。羽蛇神是墨西哥古代印第安人崇拜的神,掌管雨水和丰收。羽蛇神头部的造型和中国的龙非

● 奇琴伊察库库尔坎金字塔

常相像。世界上许多研究者都认为,墨西哥印第安人的祖先可能来自中国,中墨两国古代文明可能有某种联系。

库库尔坎金字塔是奇琴伊察古城中最高大的建筑,占地约3000平方米。它9层叠建,塔顶高约30米。其塔基为正方形,越往上越小,四周各有91级台阶通向塔顶平台上的神庙。为保护这座建筑,除重要客人外,目前一般游人是不准登上去的。在金字塔北面塔基下,有一条通道通向塔的里面。原来,塔内是一个更加陡峭的台阶,共有61级,顶端也有一个神庙,里面有一座美洲豹的石头雕像,眼珠是用玉石镶嵌的。

这座金字塔的设计数据均具有天文学上的意义,它的底座呈正方形,其阶梯朝着正北、正南、正东和正西,四周各有91级台阶,台阶的数目加上顶部平台刚好是一年的天数。52块有雕刻图案的石板象征着玛雅日历中52年为一轮回年,这些定位显然是经过精心考虑的。

奇琴伊察库库尔坎金字塔在2007年"世界新七大奇迹"评选活动中,从众多参选遗址中脱颖而出,成为"世界新七大奇迹"之一。

世界上最大的图书馆之一——美国国会图书馆

1800 年，美国约翰·亚当斯总统所签署的迁都法案中，曾为国会拨款作设置图书馆之用。

第一批书籍购自英国，经大西洋运来 11 个皮箱的书和 1 盒地图，收藏在新的国会所在地。1814 年，英军袭击华盛顿时纵火烧毁国会建筑物，小型的图书馆化为灰烬。不久，托马斯·杰斐逊总统将蒙蒂塞罗的私人收集珍藏（长达 50 年）的图书提供给国会。杰斐逊在担任美驻法国大使时，曾花费若干个下午的时间在巴黎的书店"翻遍并搜购每本有关美国的书，不论任何学科，只要是罕见的和珍贵的都采购"，所以他的书籍被认为是美国最好的藏书之一。

● 托马斯·杰斐逊

杰斐逊提供他的藏书时曾写下一段话："我不知道国会不想收藏那些学科方面的书，但事实上，国会议员可能会有机会去参考任何一门学科的。"国会经过多次辩论，终于在 1815 年 1 月接受了杰斐逊的建议，并拨款 23950 美元以收购其 6400 余册书，这为美国国会图书馆奠定了基础。

国会图书馆的建筑及其设备很有特点。位于国会山的美国国会图书馆有 3 座大楼，托马斯·杰斐逊大楼系意大利文艺复兴时代式样，在 1897 年落成时是当时世界上最大的、耗资最多的图书馆建筑物。内部精致华丽的雕像、壁画、镶嵌图画等，均为当时 50 位美国艺术家的杰作，生动地描绘出跟学术、文化有关的主题。在参观台上可以看到整个总阅览室。

设计简朴而庄严的约翰·亚当斯大楼，外层是由大理石砌成的，1939 年落成。大铜门上的雕像是历史上对文字艺术有过较大贡献的 12 个人，其中包括中国象形文字的鼻祖仓颉、希腊神话中将腓尼基字母传入希腊的卡德摩斯，发明美国切罗基族音节文字音符体系的印地安人塞阔雅。5 楼的阅览室装饰着描绘《坎特伯雷故事集》的壁画。

白色大理石的詹姆斯·麦迪逊大楼落成后，使图书馆在国会山的占地面积增加了 2 倍有余。在这座大楼内，设有美国第四任总统詹姆斯·麦迪逊正式纪念堂以及 8 个阅览室、若干办公室，储藏着 7000 万件以上的特藏文件和图书。

美国国会图书馆藏品丰富，除了有数量庞大的图书外，还有 3600 万份手稿，包括美国历史和文化的珍藏，如总统、作家、艺术家和科学家的手稿。美国国会图书馆

● 美国国会图书馆外景

还收藏了大量地图，可追溯至 14 世纪中叶。此外，这里还有 700 万件音乐藏品，其中包括作曲家的亲笔签名乐谱、音乐家之间的来往函件，以及世界各地的笙笛、意大利斯特拉迪瓦里小提琴和托特

提琴弓等。

　　图书馆的 1000 万张图片和照片包括相片原件、精致印刷品等，能提供美国和其他国家的人、事、地等的视觉记录资料。图书馆每年约收到 75000 种期刊、1200 种报纸，均作为永久性的收藏品。

　　1982 年，美国国会图书馆进行了一项以当时最新技术的光学磁盘来储存图像然后再反复使用的试验。这项试验不仅能缩小藏品之面积，而且还可评估这种技术，以确定今后保存图书方面的花费。光盘储存资料有两种：印刷资料是储存在高分辨率影像的数字光盘上，而非印刷资料则储存在低分辨率影像的模拟激光录像盘上。有几个阅览室中就设有光盘以方便读者查寻论文、学报、地图、音乐、手稿、电影静态镜头和图片等。一些早期电影、彩色电影片断以及电视样片储存都在这个创新计划之内。

● 美国国会图书馆内景

　　美国国会图书馆直接或间接地为全美国的公民或外籍人士提供各种服务，但它的主要任务是为国会的研究和咨询提供协助。美国国会研究服务部给予立法者所需的各种资料，使国会处理立法事务更高效。美国国会研究服务部每年回复约 45 万件以上的咨询函件，既有简单的问题，也有需要作深入研究的问题。除此之外，美国国会研究服务部还要为各委员会、各议员准备法案节要、主要法令摘要以及其他参考资料。

　　特别受人欢迎的是由图书馆美国民俗中心举办的午间音乐会，

地点是图书馆的杰斐逊大楼前的内普丘恩广场，由代表不同民俗传统的音乐团体分别演出。

美国国会图书馆的书籍中心是提高美国人民对阅读和印刷品的兴趣的催化剂。其讨论会、展览和出版物的费用，均由私人和团体在免税优惠条件下捐赠。

作为世界上最大的图书馆之一，美国国会图书馆建筑规模宏大、藏书丰富、服务周到，是汇聚知识的宝库，是人们取之不尽的精神资源。

开辟建筑新纪元的水晶宫

在 19 世纪之前，欧洲的建筑主要用木、石等传统材料砌成，而英国的水晶宫主要由铁架和玻璃构成，晶莹剔透、宽阔轩敞，使人耳目一新、叹为奇观。水晶宫从根本上改变了人们对建筑的传统观念，揭开了现代建筑的序幕，它也因此被誉为 19 世纪的"第一座现代建筑"。

"水晶宫"这座展览馆，是专门为 1851 年在伦敦举行的第一届世界博览会而设计建造的。它的建成还经过了一番曲折。那时，为了显示英国工业革命的成

● 水晶宫复原图

果和推动科学技术的进步，维多利亚女王和她的丈夫阿尔伯特决定在伦敦海德公园举行一次国际博览会。距离博览会开幕只有不到一年的时间，但展会大厅的设计方案却一直没有着落。虽然，筹委会向世界各地的建筑师发出征集邀请，但收到的 245 个方案却都不能

满足要求，除却审美方面的因素，最重要的是，这些方案没有一个能够如期建造出来。因为建造这些房屋最少也需要生产和砌筑1500万块砖，但这样大的工程根本就不能在余下的9个月内完成。展览会开幕的时间是如此迫近，筹委会陷入了一个非常尴尬的境地。

正在此时，一个名叫帕克斯顿的人拿出了设计方案。这个方案看起来很简单，就是用生铁搭建出一个梁柱屋架，然后通体镶嵌上玻璃，整个建筑就像是一个巨大的玻璃花房，覆盖面积很大，而且不需要任何砖瓦、木材，既可以快速建成，又可以方便地拆去，完全符合博览会的要求。当评委们看到这个方案时，不禁目瞪口呆，为这个大胆构思而惊异，因为这和以前的方案相比简直是太匪夷所思了，好多人当即就否定了。但这个方案却可以解决当时最棘手的时间问题，因为建筑物所需的生铁骨架和玻璃可以直接在工厂按尺寸加工之后拉到工地上，然后像搭玩具一样组装起来就完成了。这些预制的构件，既快又便宜，根本不需要太多时间和人力。经过一番争议，帕克斯顿的方案终于以它突出的优点被筹委会接受了，成员们决定进行一次历史上未曾有过的"危险"尝试。几家工厂共同制作，终于准备好了搭建房屋所需要的铁柱、铁梁、玻璃板等材料。

为了加快玻璃板的安装工作，帕克斯顿在水晶宫的大铁梁上开了一些槽，以便使滑轮车能够沿着槽道上上下下，把一块块玻璃轻捷地运送到装配工人手里。为了便于运输和安装，每一部件重量都小于1吨，所用的玻璃尽可能地扩大尺寸。就这样，传统工程建设中繁复的工作被简化为单纯地安装预制件，不但节省开支，而且大大缩短了工期，不到9个月的时间就奇迹般地全部完工了。第一届世界博览会终于在1851年5月1日如期开幕。

水晶宫造型简单，大气磅礴，是一座阶梯状的长方形建筑。顶部是一个曲面拱顶，下面有一个高大的中央通廊，外面则是由一系列细长的铁杆支撑起来的网状构架和玻璃墙面。这是帕克斯顿按照植物园温室和铁路站棚的样式而进行的设计。它长 560 余米，宽 120 余米，高约 20 米，建筑面积约 7.4 万平方米，约相当于梵蒂冈圣彼得大教堂的 3 倍，是当时世界上最大的单体建筑。由于屋顶很高，海德公园原来生长的榆树都没有砍去，直接保留在水晶宫内，成了室内装饰的植物。

水晶宫共用去铁柱 3300 根，铁梁 2300 根，玻璃 9.3 万平方米。竖立的柱子的间距为 2.4 米，而当时英国生产的玻璃最大长度是 1.2 米，这样两柱之间就装上两块玻璃。据计算，水晶宫所有的柱子和墙身仅占建筑面积的 1/1000，因此这座建筑看起来就只有铁架和玻璃。整个建筑简洁利落，通体透明，宽敞明亮，在阳光的照耀下显得晶莹多彩，就像是童话中的水晶宫殿，所以后来人

● 水晶宫内景

们就把这个展览大厅称为“水晶宫”。一位官员在参观后评论说：“一片晶莹，精彩炫目，高华名贵，璀璨可观。”还有人陶醉地追忆说，徜徉其中的感觉如同是“仲夏夜之梦”，让人忘了身外世界。

当年的博览会吸引了来自世界各地的 600 多万参观者，人们置身在水晶宫广阔透明的空间里，就像在大自然之中，不辨内外，目极天际，其璀璨新奇的艺术效果轰动一时。

展览会结束后，水晶宫被拆开运到英国南部的一座精致的园林

中，按照更为精致的设计进行了重新组装，将中央廊部分原来的阶梯形改为筒形拱顶，与原来的纵向拱顶一起组成了交叉拱顶的外形。它成为一个举行各种演出、展览会、音乐会和其他娱乐活动的场所。

● 水晶宫外景效果图

1936年11月30日，一场大火将水晶宫毁于一旦，残垣断壁一直保留到1941年。我们现在只能从照片和图画中领略它的风采了。水晶宫诞生的年代，人们的建筑观念还停留在古典的希腊立柱、哥特式拱形等传统模式上，水晶宫却不曾使用一砖一石，全部由玻璃和铁制成，在许多人眼里成了不伦不类的怪物。他们不承认它是建筑，反而讽刺它仅仅是一个巨大的花房，还有许多人从形式上和所谓工程测试方法上预言水晶宫过不了多久就会倒塌，因为它基础不牢固，没有挡风措施，梁柱构架缺乏刚性等。它所采用的新材料和新技术，直到半个世纪之后，才逐渐得到人们的认可。

英国水晶宫的建造在建筑史上具有划时代的意义。19世纪以来，建筑技术有了革命性的突破发展。钢材、砼等新材料的运用，使得有关建筑的所有想法都似乎成为可能。机器成了新建筑风格的塑造者，技术为建筑产品的新材料提供了直接来源，非专业的建筑师成为建筑的革新者。传统的坚固、实用和美观"三位一体"的建筑美学观念第一次受到了严峻的挑战。新技术拓展的空间使这个时代的建筑师重新去认识建筑本身的内涵，它从多方面突破传统建筑观念，开辟了建筑形式的新纪元。

自由女神像

在美国纽约哈得孙河口的自由岛，屹立着一座铜像——自由女神像。这座纪念性雕塑作品由 19.8 米高的底基、27.1 米高的底座和 46.05 米高的铜像三部分组成，总高 92.95 米，重量为 225 吨。

女神双唇紧闭，头戴光芒四射的冠冕，上有象征七大洲的七道尖芒。她身着长袍，右手高擎长约 12 米的火炬，左手紧抱一块象征《独立宣言》的书板，上面刻着《独立宣言》通过的日期。脚下残留着被挣断了的锁链，象征着自由、挣脱暴政的约束。花岗岩和混凝土构筑的神像基座上，镌刻着美国女诗人埃玛·娜莎罗其的一首

● 自由女神像远景

脍炙人口的诗：欢迎你，那些疲乏了的和贫困的，挤在一起渴望自由呼吸的大众，那熙熙攘攘的被遗弃了的，可怜的人们。把这些无家可归的饱受颠沛的人们一起交给我。我站在金门口，高举起自由的灯火！

创作这一艺术杰作的是 19 世纪后期一位才华横溢的雕塑家，他的名字叫弗雷德里克·奥古斯特·巴托尔迪。1834 年，巴托尔迪出生在法国的一个意大利人家庭。他从青年时代起就酷爱雕塑艺术，自由女神的形象很早就存在于他的心目中了。1851 年，在路易·波拿巴发动政变推翻法兰西第二共和国后的一天，一群共和党人在街头筑防御工事。暮色苍茫，一个年轻姑娘手持熊熊燃烧的火

炬，跃过障碍物，高呼"前进"的口号冲过去，结果姑娘被枪击中，倒在血泊中。巴托尔迪亲眼目睹这一画面，心情久久不能平静。从此，这位高举火炬的勇敢的姑娘就成为他心中自由的象征。

1865年，巴托尔迪在别人的提议下，决定塑造一座象征自由的塑像。塑像由法国人民捐款，作为法国政府送给美国政府的礼物，用以庆祝美国独立100周年。有趣的是，没过多久，巴托尔迪在一次婚礼上同一位名叫让娜的姑娘邂逅，让娜长得美丽端庄。巴托尔迪认为让她来为"照亮全球的"自由女神像做模特是十分相称的，让娜欣然允诺。在雕塑过程中，他们之间产生了纯洁的爱情，后来结为夫妻。

1869年，自由女神像的草图设计完成，巴托尔迪便开始全心全意地投入雕塑工作。他曾去过美国旅行，争取美国人对塑像计划的支持，但美国人迟迟没有意识到这一礼品的珍贵。

1876年，巴托尔迪参加在费城举行的庆祝独立100周年的博览会。为了引起公众的注意，巴托尔迪把自由女神执火炬的手放在博览会上展出，这才引起一场轰动。摆在人们面前的这只手，仅食指就长达2.44米，直径1米多，火炬的边沿上可以站12个人。于是这件几天前还鲜为人知的雕塑品顿时身价百倍，成为美国人人渴望欣赏的艺术珍品。不久，美国国会便通过决议，正式批准总统提出的接受女神像的请求，同时确定贝德罗岛（后改名为"自由岛"）为建立女神像的地点。

为了安放自由女神像，一家公共福利基金会筹集了15万美元，想在曼哈顿南部的贝德罗岛上建立起塑像的基座。但这些钱还不够。如果财源断绝，整个工程就要停顿。

拥有纽约《世界报》的普利策出于对自由的崇敬，同时也为了扩大报纸的影响，他发动了一场为建筑自由女神像基座的声势浩大的募捐运动。

普利策在《世界报》头版社论里指出："女神像的无处安身对纽约市，对我们的国家来说，是一种难以洗刷的耻辱！现在只有一个办法能够拯救女神，那就是我们尽快筹款。我们不要期待百万富翁出这笔钱，自由女神不是法国百万富翁送给美国百万富翁的礼物，而是全体法国人民送给全体美国人民的礼物。"

● 自由女神像近景

在社论的最后，他诚挚地请求人们考虑这一呼吁，或多或少，务请捐赠为盼。

恳切的言辞感动了公众，此后《世界报》不断刊出的建筑塑像的消息和言论，更把此种情绪推向高潮。普利策自己带头捐款，并委派他的得力下属雷维斯负责筹款。

《世界报》计划为塑像筹集10万美元，而雷维斯在4个月内就筹集了7.5万美元，有12万人参加了募捐，从5分钱到250美元数目不等，表达了每个人对女神这一伟大形象的敬慕。雷维斯曾这样描述："一份报纸竟然带动了一个民族的热情，这真是奇迹……以往从未有过一家报纸对人民具有如此大的影响。每天我都能看到募捐运动中感人的新事，这些事实反映了人民对《世界报》的信任。对这种神圣的信任，《世界报》必须努力去捍卫。"

1885年6月，法国将210箱塑像主件运抵美国，受到美国船队的欢迎。到8月，《世界报》已为自由女神像筹集资金10.109万美元。

充足的资金使塑像的安装得以顺利进行。1886年初，75名工人参加安装，成型的铜片用铆钉固定在铁骨架上。组装工作用了半年时间，仅铆钉就用了30万颗。巨像要立在与它差不多同样高的基座上，就必须经得起强劲的海风。为解决这一问题，女神像的钢架系统由法国著名建筑师埃菲尔设计，内部分为22层，电梯可达铜像脚底的第10层。往上是171级螺旋梯，可以到达铜像头顶的额部瞭望室，这里可同时容纳40人。通过作为冠冕装饰的窗孔，人们能够尽情饱览美丽壮阔的曼哈顿岛景色。再往上，只能沿着约12米长的右臂攀登，最后可爬到火炬底座的瞭望室，这里只能容纳12人。

1886年10月中旬，自由女神像终于全部完工。10月28日，美国总统亲自参加自由女神像揭幕典礼并发表讲话。无数观众簇拥在神像周围，怀着激动的心情仰望着自由女神像庄严的面容。

自由女神像以自己超群卓绝的风姿，每年吸引着世界各地无数慕名而至的游客。然而，这位当年的"自由小姐"在经历了百年沧桑后，已明显腐蚀和损坏，变成"迟暮老妇"。为了恢复女神的青春，有关当局筹集巨款，进行了大规模的整修。1986年，自由女神像以崭新的容颜迎来了她的百岁纪念日，成千上万的人欢喜若狂地为她庆贺，为她欢呼。